は じ め に

消費税は、消費一般に広く公平に負担を求めるという観点から、商品・製品の販売、サービスの提供などの取引や輸入される貨物に対して課税される税金（国税と地方税）であり、農業者にとっても関わりの深い税といえます。

令和元年10月から消費税率が10%に引き上げられたことに併せ、一定の飲食料品等について消費税率８％の軽減税率制度が導入されました。令和５年10月からはインボイス制度（適格請求書等保存方式）がスタートします。

これらの制度改正により、消費税及び地方消費税の確定申告はもとより、日頃の記帳事務等についても、課税取引の標準税率・軽減税率適用の区分とともに適格請求書等の発行・保存などインボイス制度への対応が加わり、消費税に関連した農業者の実務はさらに複雑になりました。

本書は、農業者で消費税の課税事業者となる方のために、消費税の仕組みや確定申告書の作成などを解説した手引書です。

消費税のあらましや提出書類といった基礎的な内容に加え、日常の経理処理や帳簿等の記載事項、勘定科目別「課税取引」「課税取引以外の取引」の具体例、JA等への農畜産物委託販売に係る課税売上の計算方法などを丁寧に解説。全国農業会議所作成の「農業課税取引金額計算表（試算用）」では実態に即した記入例も示しています。

国税庁ホームページ「確定申告書等作成コーナー」を利用した消費税確定申告書の作成では、設例に基づき収入や経費等の金額を入力した画面とともに説明。農業者自らが申告・納付するハードルが以前に比べ低くなった状況を理解することができます。

今回の改訂では、インボイス制度導入で迫られる課税事業者の選択にあたっての判断要素や必要な手続きなどを追加。「確定申告書等作成コーナー」の入力画面や確定申告書等の出力帳票も全て更新しています。

農業者の皆さまが本書を利用され、消費税の届出から申告・納付までの各手続きの理解の一助となれば幸いです。

最後に、本書作成に当たり関係各位に多大なご尽力をいただきました。ここに心よりお礼申し上げます。

令和５年１月

全国農業委員会ネットワーク機構
一般社団法人 全国農業会議所

農業者の消費税

ー届出から申告・納付までー

CONTENTS

Ⅰ 消費税のあらまし

Ⅱ 経理処理と帳簿等の記載事項

Ⅲ 消費税の確定申告書等の作成手順（国税庁 HP・確定申告書等作成コーナーを利用して）

Ⅳ 届出書の記入例

I
消費税のあらまし

1 消費税とはどういうものか

消費税は、事業者を納税義務者、消費者を最終負担者として、商品・製品の販売、物品の貸付け、サービスの提供など、消費一般に広く課税される間接税です。

取引の各段階ごとに10%（飲食料品等については軽減税率８%）の税率で課税されますが、社会政策的な配慮やその取引の性格などから、非課税や不課税、免税など消費税がかからないものもあります。

2 消費税の税率

消費税の税率は、現在、**標準税率10%・軽減税率８%**とされていますが、細かくは国税である「消費税」が標準税率7.8%・軽減税率6.24%で、地方税であるところの「地方消費税」が国税分の22/78（＝消費税率換算で標準税率2.2%・軽減税率1.76%）となっており、合計で10%または８%相当になるということです。

実際に消費税の納付税額の計算では、計算手続き上、まず国税分の税額を算出し、その国税の22/78分の地方消費税を算出することになります。

なお、「消費税」と「地方消費税」の課税と納付は、二つの税を併せて行いますので、一般的には地方消費税を含めて**10%または８%の消費税**として認識されています。

区分＼適用時期	令和元年10月１日から		（参考）令和元年9月30日まで
	標準税率	軽減税率	
消費税率	7.8%	6.24%	6.3%
地方消費税率	2.2% （消費税額の22/78）	1.76% （消費税額の22/78）	1.7% （消費税額の17/63）
合　計	10.0%	8.0%	8.0%

（注）消費税等の軽減税率は、税率引上げ前と同じ８%ですが、消費税率（6.3%→6.24%）と地方消費税率（1.7%→1.76%）の割合が異なります。

3 軽減税率制度

（1）軽減税率制度の実施

令和元年10月１日に消費税率が10％に引上げられたことに伴い、低所得者の負担を軽減するため、飲食料品と新聞に対する軽減税率（８％）制度が実施されました。

なお、軽減税率制度により、税率が10％と８％の２本立てとなったことから、令和５年10月１日より、適用税率ごとに区分した消費税額などが記載された請求書等の発行・保存を義務づけるインボイス制度（適格請求書等保存方式）が導入されます。

これには、飲食料品の取扱い（売上）がない場合や免税事業者も対応が必要となる場合があります。

(2) 軽減税率の対象品目の概要

軽減税率の対象は、「飲食料品（酒類及び外食を除く）」と「定期購読契約が締結された週2回以上発行される新聞」です。

軽減税率が適用されるか否かは、農業者（事業者）が販売（譲渡）した時点で判定します。
※飲食料品とは、人の飲用又は食用として供されるもの（食品表示法に規定する食品）です。

軽減税率（8％適用）	標準税率（10％適用）
●米　●酒米　●野菜　●果物 ●花（食用）　●製菓材料の種子 ●食肉 ●農家レストランの弁当の「持ち帰り販売」	●飼料用米　●種もみ　●日本酒 ●花（観賞用）　●栽培用の種子　●苗木 ●肉用牛などの生きた家畜 ●農家レストラン内での飲食（外食） ●ケータリング（相手方が指定した場所において行う役務を伴う飲食料品の提供）
●送料（農産物価格に含まれている場合） ●包装代（農産物価格に含まれている場合） ●いちご狩りで採ったいちごを土産用に販売	●送料（農産物と別に請求する場合） ●包装代（農産物と別に請求する場合） ●いちご狩りの入園料　●販売等手数料

4 消費税の課税・納付の流れ

消費税を納めるのは事業者ですが、税金分は事業者が販売する商品やサービスの価格に上乗せして、生産者から小売店までの各段階で次々と転嫁されるので、最終的には商品を消費（購入）し、またはサービスの提供を受ける消費者が負担することになります（模式図参照）。

原材料の製造から商品（例として軽減税率対象の農産物）の販売、流通、消費に至る過程で、消費税は次のように課税・納付されます。

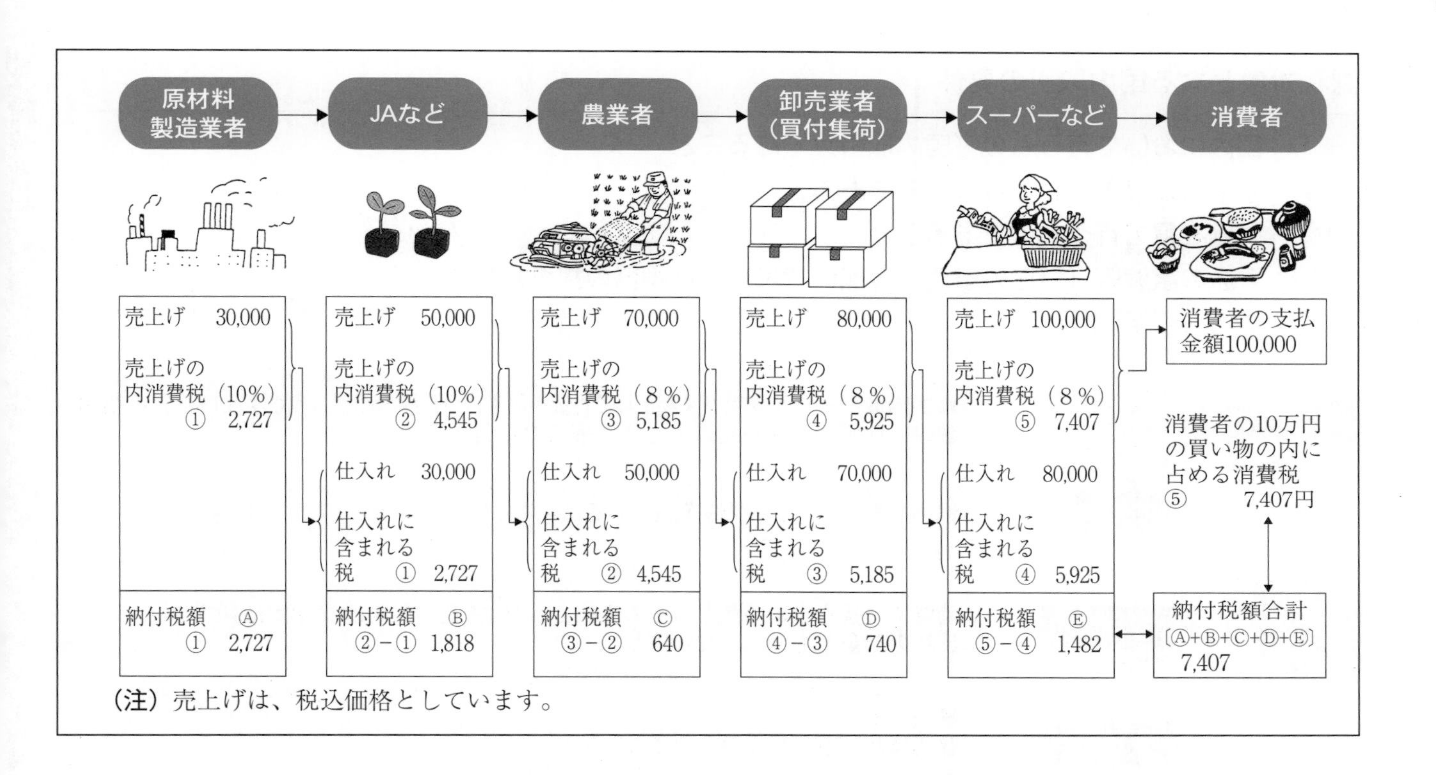

(注) 売上げは、税込価格としています。

仕組みとしては、消費者が負担した消費税額⑤＝7,407円は、「原材料製造業者」から「スーパーなど」までに至る各事業者がそれぞれの段階で、売上げに係る消費税額から仕入れに係る消費税額を差し引いた残りの税額を納めることにより（Ⓐ～Ⓔ）、結果的にその全額が納付されるというものです（Ⓐ＋Ⓑ＋Ⓒ＋Ⓓ＋Ⓔ）＝⑤。

5 消費税の課税対象

消費税は、国内で行われる取引（国内取引）と保税地域から引き取られる外国貨物（輸入取引）に対して課税されます。国外で行われる取引は課税対象にはなりません。

国内取引は、国内において事業として対価を得て行われる**資産の譲渡**、**資産の貸付け**（資産に係る権利の設定を含む）及び**役務の提供**が課税の対象となります。また、これには事業の用に供している建物、機械等の売却など、その性質上、事業に付随して対価を得て行われる資産の譲渡、資産の貸付け及び役務の提供も含まれます。

したがって、原則的に事業に係る取引のほとんどが課税対象となります。

課税対象となる国内取引の要件

① 国内において行うもの（国内取引）であること
② 事業者が事業として行うものであること
③ 対価を得て行うものであること
④ 資産の譲渡等（資産の譲渡、資産の貸付け及び役務の提供）であること

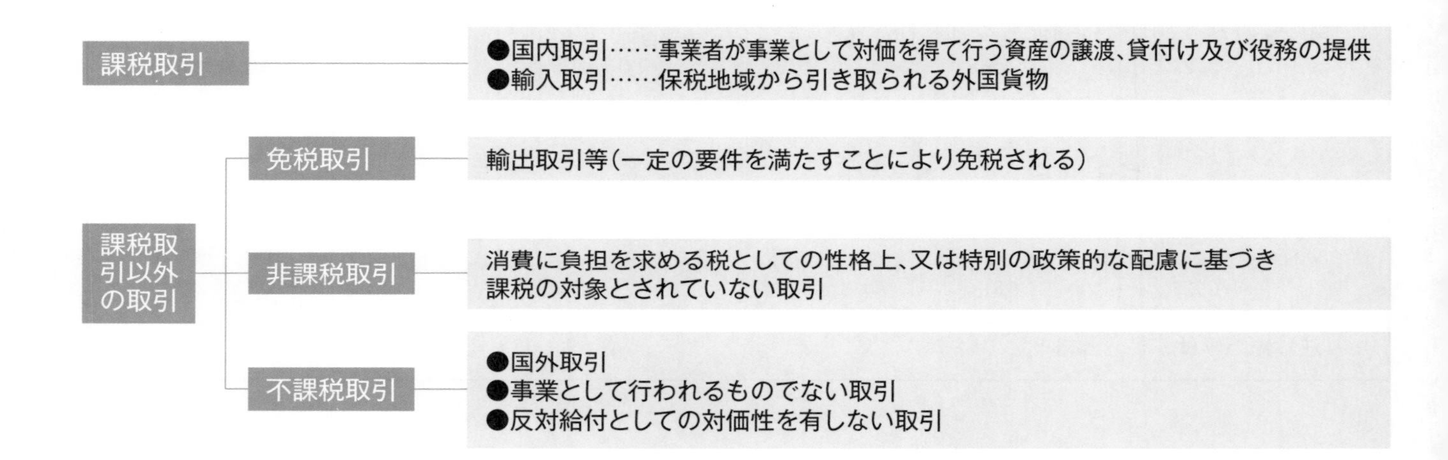

なお、対価を得ずに無償で行われる取引は、課税対象の要件からはずれるため、原則、不課税取引となるわけですが、次の場合には対価を得て行う資産の譲渡等とみなされます（みなし譲渡）。

① 個人事業者が棚卸資産や事業の用に供していた資産を家事のために消費し、又は使用した場合
② 法人が資産をその役員に対して贈与した場合

また、資産の譲渡等に該当する取引であっても、非課税取引や免税取引に該当する取引は、消費税の課税対象とはなりません（次項・消費税がかからない取引）。

農業者についていえば、生産に必要な資材や種苗、農薬・肥料等の購入、農産物の出荷・販売はもちろんのこと、農作業の受委託、農産物の家事消費、トラックや機械装置など事業用減価償却資産の購入・売却なども消費税の課税対象となります。

6 消費税がかからない取引

消費税が課税されない取引には、免税取引と非課税取引及び不課税取引があります。

［免税取引］

消費税は、国内において消費される商品の販売やサービスの提供に対して課税することを原則としており（消費地課税主義）、事業者が輸出として行う資産の譲渡や貸付けなどについては消費税が免税され、これを免税取引といいます。なお厳密には、消費税がかからないのではなく、税率が０％に減免された課税取引です。

［非課税取引］

非課税取引とは、課税対象の要件に合致する取引であるものの、消費に負担を求める消費税の性格からみて課税対象としてなじまないもの、及び社会政策上の特別な配慮により課税すべきでないもの、として消費税法の中で限定のうえ規定された取引です。

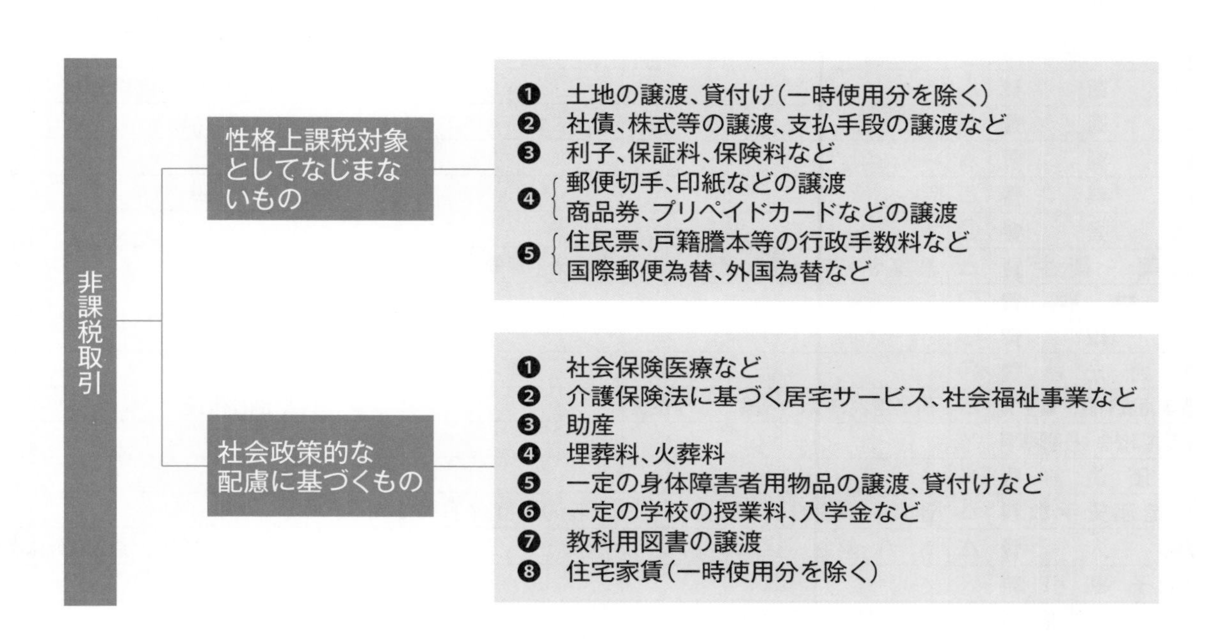

特に不動産収入を得ている農業者については、貸付期間が１ヶ月に満たない土地の貸付けや住宅の貸付けは課税対象となること、駐車場の貸付けではその様態や料金の収受方法により課税・非課税の別があること（土地の貸付けや住宅家賃としてみなすことができれば非課税）、住宅家賃でも事務所や店舗の用に供している部分については課税対象となること、などに留意する必要があります。

［不課税取引］

不課税取引とは、事業として行う取引でないものや対価を得ずに無償で行う取引、国や地方公共団体から受ける補助金や奨励金（出荷奨励金は課税）、利益配当（従事分量配当金は、役務の提供の対価であるため課税）、祝金、保険金等の反対給付がない取引、国外取引など、課税対象の要件からはずれている取引をいい、課税対象外取引とも呼ばれます。

7 勘定科目別にみた消費税課税の有無

（1）勘定科目別消費税対象項目一覧

農業者に係る取引について、勘定科目別に消費税が課税されるか否かをみると、次のようになります（不動産取引を含む）。

区分	科目	課否	課税取引	課税取引にならないもの	
				非課税	不課税
売上	販売金額	○	一般的な農畜産物の売上		
	家事消費金額	○	みなし譲渡		
	事業消費金額	△	地代を米で支払うなどの代物弁済		
	地代・賃貸料	△	受取家賃（店舗、事務所等、住宅用以外のもの）、駐車場収入	受取地代および住宅用受取家賃（ただし一時使用分は課税）	
	礼金・更新料	△	受取家賃に準ずる		
	雑収入	△	出荷奨励金、従事分量配当金		対価性のない補助金・交付金、保険金、賠償金、消費税還付金、お祝い金
必要経費	租税公課	×	—		
	種苗費	△			事業消費分（自給分）
	素畜費	△			〃
	肥料費	△			〃
	飼料費	△			〃
	農具費	○			
	農薬・衛生費	△	農薬や家畜薬品など	家畜衛生保健所の行政手数料	
	諸材料費	○			
	修繕費	○			
	動力光熱費	○			
	作業用衣料費・厚生費	△	作業用衣料費、一般的な厚生費		法定福利費
	農業共済掛金・損害保険料	×	—		
	減価償却費	×	—		
	荷造運賃手数料	△	運賃、一般的な手数料	一般的な行政手数料	
	雇人費	△	ヘルパー料金、通勤に必要な費用		一般的な雇用賃金（通勤費分は課税）
	利子割引料	×	—		
	地代・賃借料	△	家賃（店舗、事業所用等）、駐車場料金	支払地代（一時使用分は課税）	
	土地改良水利費	△	受益者対応分、維持管理費分		組合運営費的な経常経費
	暖房費	○			
	車両燃料費	△			軽油引取税分（32.1円／ℓ）
	事務管理費	△	事務用品、電話料など	行政書類の交付手数料	同業組合等の一般的会費
	種付登録料	○			
	固定資産処分損	×	—		
	固定資産廃棄損	×	—		
	その他経費	△		贈答用の商品券等購入代	寄付金、慶弔等の現金支出
	雑費	△			

※　販売金額や運賃などで輸出に係るものは、免税取引になります。

売却・購入した事業用資産

科目	課否	科目	課否
土地	×	有価証券	×
その他の有形固定資産	○	その他の無形固定資産	○
繰延資産	○		

（注）「課否」欄の
○は、その勘定科目に属するすべての取引が消費税の対象となるもの。
×は、その勘定科目に属するすべての取引が消費税の対象とならないもの。
△は、その勘定科目の取引の中に、消費税の対象となるものと、ならないものがあるもの。

（2）留意を要する勘定科目の扱い

次の勘定科目は消費税の取扱上、特に注意を要します。

○地代・賃借料：地代、居住用の家賃（非課税）と他のものとの区分。

○接待交際費：慶弔やお礼等を金銭で贈与した場合（不課税）と、物品を購入して渡した場合の区分。

○雇人費：雇用契約に基づく給与等の雇用賃金（不課税）に通勤手当等が含まれている場合、その通勤に通常必要である部分の金額（課税）との区分。ヘルパー料金等の請負契約によるもの（課税）との区分。

○厚生費：法定福利費（不課税）とそれ以外のものとの区分。

○諸会費：各種事業団体の通常の会費（不課税）については原則課税対象とならないので、それ以外のものと区分。

○荷造運賃手数料：一般的な行政手数料（非課税）と他のものとの区分。

○雑収入：国、地方公共団体等の補助金（不課税）、お祝等の金銭の受取等（不課税）の課税対象とならないものと他のものとの区分。

○その他：家事消費金額（みなし譲渡＝課税対象）、事業消費金額（原則、不課税）などがあります。

（3） 固定資産の購入、売却処分等に係る留意点

固定資産を購入したり、売却したときには、土地以外の有形固定資産や繰延資産、有価証券を除いた無形固定資産については、消費税が課税されます。

所得税では、固定資産を購入した場合には、減価償却費として多年にわたり経費計上しますが、消費税では、取得したその年に全額を課税対象の仕入れとして処理（一般課税の場合）することになります。

また、売却処分した場合については、所得税では売却価額と簿価との差額＝処分益が課税の対象（譲渡所得）となるのに対し、消費税では売却価額そのものが課税対象の売上げとなることに注意してください。

例：

軽トラックを下取り（50万円）→ 全額が課税売上げ
新車を購入（200万円）→ 全額が課税仕入れ

このため、別途に帳簿の記録欄を設けるか、減価償却の明細書を活用して、その年度に購入したり売却したものについては、その内容がわかるように区分して記帳することが必要です。

8 消費税の納税義務者

消費税の納税義務者は、取引の区分に応じ、
次のとおりとされています。

納税義務者

国　内　取　引

課税対象となる取引を行う個人事業者及び法人

国、地方公共団体、公共法人、公益法人、人格のない社団等のほか、非居住者及び外国法人であっても、国内において課税対象となる取引を行う限り納税義務者となります。

事業者免税点制度あり

輸　入　取　引

課税対象となる外国貨物を保税地域から引き取る者

事業者に限らず、消費者である個人が輸入する場合にも、納税義務者となります。

9 事業者免税点制度

国内で消費税の課税対象となる取引を行う事業者は、消費税の納税義務者であり、本来的には課税事業者となるわけですが、その**課税期間**（消費税の課税や税額計算等で基礎となる期間。個人事業者は暦年で、その年の１月１日から12月31日まで）の**「基準期間」**（個人事業者は課税期間の前々年。令和４年が課税期間である場合には、令和２年分）における**課税売上高**が1,000万円以下である事業者については、その課税期間の納税義務が免除されます（**免税事業者**）。

また、基準期間の課税売上高が1,000万円以下であっても、当課税期間の前年（令和４年が課税期間である場合には、令和３年）の１月１日から６月30日までの課税売上高が1,000万円を超えた場合には（課税売上高に代えて給与等支払額の合計額により判定することも可）、課税事業者となります。

この、課税期間の前年の６か月間の判定期間を**「特定期間」**といいます。

なお、課税事業者となるか免税事業者となるかのチェック表を24ページに示してありますので、必要に応じて参考としてください。

個人事業者の納税義務の判定

①基準期間（前々年） ②特定期間（前年1～6月） の課税売上高	①、②のいずれも 1,000万円以下	……**当年は、免税事業者**
	①、②のいずれかが 1,000万円超	……**当年は、課税事業者**

（注）特定期間での判定については、課税売上高に代えて給与等支払額の合計額により判定することも可。

用語説明 **課税売上高**

「消費税が課税される売上金額（※消費税額を除く）と輸出取引等の免税の売上金額の合計額」から「これらの売上げに係る売上返品、売上値引や売上割戻し等に係る金額（消費税額を除く）の合計額」を控除した残額をいいます。

なお、消費税が課税される売上げ（**課税売上げ**）とは、農産物や商品の売上げのほか、家畜や機械、建物等の事業用資産の売却、資産の貸付け及びサービスの提供などをいい、土地の譲渡や貸付け、住宅の貸付け、株式や債権の譲渡などの非課税取引は含まれません。

※免税事業者であった期間の課税売上高の算出にあたっては、その期間中の売上金額に消費税が課されていないことから、売上金額等から消費税額を除く処理は要しないこととなります。

（注） 令和４年が消費税の課税事業者となるか否かを判定する基準期間は令和２年になりますが、その令和２年が課税事業者であったか免税事業者であった

かにより、課税売上高の算出方法が違います（特定期間での判定についても同様）。

例）令和２年分の売上金額　1,026万円
※　売上げは、すべて軽減税率対象品目であったと仮定。
・令和２年が課税事業者であった場合には、
課税売上高＝1,026万円×（100／108）
＝950万円
→令和４年は免税事業者
・令和２年が免税事業者であった場合には、課税売上高＝1,026万円
→令和４年は課税事業者

農業者の課税売上げについては、次の点について留意する必要があります。

① 農産物の家事消費は、対価を得て行う資産の譲渡等とみなされ、課税売上げに含まれます（前出：消費税の課税対象の項）。しかし、その見積もり金額については、「課税仕入れ（19ページ参照）の金額（自己が生産した農産物については、種苗費など製造原価や原材料費等を構成する部分の金額）」以上の金額で「通常他に販売する場合の概ね50％に相当する金額」以上の金額とすればよいとされています（消費税法基本通達10－１－18）。

② JAや市場へ出荷した農畜産物が委託販売の形態をとっている場合の、そのすべてについて販売代金から委託販売に係る手数料を差し引いた後の「実際の受取金額」を課税売上げとする経理処理（純額処理・消費税法基本通達10－１－12）については、委託販売する物品のうちに軽減税率の対象品が含まれている場合は、販売代金に係る消費税率（８％）と委託販売手数料に係る消費税率（10％）が異なることから、認められません（消費税の軽減税率制度に関する取扱通達16）。

③ 産直や注文販売など宅配便の料金を含めて代金を受け取る場合には、運送料金分を「預り金」として処理するなど、販売代金と明確に区分されていれば、その運送料金分の代金は課税売上げとはなりません。

④ 不動産収入を得ている農業者については、その内容が、所得申告でいうところの事業的規模（５棟10室以上等）に満たない規模であっても、反復・継続して営まれていれば消費税では事業とみなし、課税売上げとなります（非課税取引分を除く）。

必要な手続き

●基準期間または特定期間（それぞれ11ページ参照）における課税売上高が1,000万円を超えたとき

納税義務を免除されていた事業者が、その課税期間の基準期間における課税売上高が1,000万円を超えることとなった場合には、「消費税課税事業者届出書」を速やかに納税地の所轄税務署長に提出する必要があります。

また、特定期間の課税売上高（または給与等支払額）の判定により課税事業者となる場合には、「消費税課税事業者届出書（特定期間用）」を速やかに納税地の所轄税務署長に提出する必要があります。

●基準期間における課税売上高が1,000万円以下となったとき

その課税期間の基準期間における課税売上高が1,000万円以下となった事業者は、「消費税の納税義務者でなくなった旨の届出書」を速やかに納税地の所轄税務署長に提出する必要があります。

10 課税事業者の選択

(1) 消費税の還付を受けたい場合

基準期間や特定期間の課税売上高がいずれも1,000万円以下の事業者は免税事業者となり、消費税の納税義務は免除されますが、事業者の選択により課税事業者となることができます。

特に、大規模な設備投資等を予定しており、仕入れに係る消費税額が過大となることが事前に判明している場合には、あらかじめ課税事業者を選択することにより、消費税の還付を受けることができます。

必要な手続き

●課税事業者となることを選択しようとするとき

免税事業者が課税事業者となることを選択しようとするときは、その適用を受けようとする課税期間の開始する日の前日までに、「消費税課税事業者選択届出書」を納税地の所轄税務署長に提出することにより、課税事業者となることができます。

※個人が新たに事業を開始した課税期間である場合には、その課税期間中に提出すれば、その課税期間から課税事業者となることができます。

●課税事業者を選択していた事業者が選択をやめようとするとき

「消費税課税事業者選択届出書」を提出して課税事業者となっている者が、免税事業者に戻ろうとするときは、免税事業者に戻ろうとする課税期間の開始する日の前日までに、「消費税課税事業者選択不適用届出書」を納税地の所轄税務署長に提出する必要があります。

ただし、「消費税課税事業者選択届出書」を提出して課税事業者となった者は、2年間(その期間中に100万円以上の固定資産を取得した場合の延長措置あり)は免税事業者に戻ることはできません。

(2) インボイス制度(適格請求書等保存方式)の導入と課税事業者の選択

○インボイス制度導入の影響

令和5年10月1日から、消費税の仕入税額控除の方式として、インボイス制度(適格請求書等保存方式)が始まります。

消費税の課税事業者は、事業年度終了後、納付する消費税額を算出するにあたり、原則、売上げに係る消費税額から仕入れに係る消費税額を差し引いて(これを「仕入税額控除」という)、残った金額を納税額とします。

インボイス制度の開始後は、仕入れに係る消費税額を、仕入先=売り手が発行するインボイス(=適格請求書等)により集計することになりますが、インボイスを発行できるのは、「適格請求書発行事業者」として税務署長の登録を受けた消費税課税事業者に限られます。

（注）ただし、インボイスの発行を受けられなくても、一定割合の仕入税額控除を認める６年間の経過措置（＝免税事業者等からの課税仕入れに係る経過措置）があります。くわしくは、国税庁のインボイス制度に関するQ&Aサイトやパンフレット等を参照して下さい。

このため、消費税の免税事業者はインボイスを発行する資格がないことから、取引先がインボイスを必要とする事業者である場合には、取引先との関係に支障と混乱を来すことになります。そのような事態を回避するには、あえて消費税の課税事業者となることを選択し、インボイスの発行事業者として登録を受けることが必要となります。

○課税事業者選択の判断要素

これまで免税事業者であった者が、インボイスの発行事業者として登録を受けるためにあえて消費税の課税事業者となるか否か、とりわけ「農産物の売り手たる農業者」の立場からは、次のことに留意して必要性を総合的に判断することが重要です。

ア）売り先（出荷先）が、消費者や消費税免税事業者である場合、また、消費税課税事業者であっても、仕入れのインボイスを要しない簡易課税制度（20ページ参照）を選択している中小の事業者の場合には、相手に対しインボイスを発行する必要が無いこと。

イ）売り先が、インボイスを必要とする一般の課税事業者であっても、出荷の形態が、卸売市場を通じた生鮮食料品等の委託販売として出荷する場合や、JA等を通じて農林水産物の「無条件委託方式かつ共同計算方式」により出荷する場合には、インボイスを発行する義務が免除されていること（買い手は卸売市場やJA等から交付を受けた書類に基づき仕入税額を控除できる）。

※１　卸売市場の買付集荷分は対象外であることに注意

※２　無条件委託方式＝生産者は、出荷した農産物について、売値、出荷時期、出荷先等の条件を付けずに、その販売をJA等に委託

※３　共同計算方式＝一定期間にJA等が出荷した同種、同規格、同品質ごとの農産物の平均価格によって精算（全体の販売代金について、JA等が手数料を控除した上で、生産者全体で分け合う）

※４　JA等が開設する直売所を通じて農産物を販売する場合、出荷した生産者に代わり直売所が買い手に適格請求書を発行する「媒介者交付特例」については、生産者と直売所開設者の双方が適格請求書発行事業者であることが要件

ウ）食品スーパーや食品加工業者等に対する農産物の直接販売など、相手がインボイスを必要とする一般の課税事業者である場合の取引では、売り先（出荷先）から、インボイス制度開始以降の取引について、制限や価格等の見直しを求められる事態が予想されること。

自身の農業経営の特徴的な出荷（販売）方法を、上記のア）、イ）、ウ）に照らし合わせ、経営への影響を総合的に検討・判断することが重要です！

必要な手続き

すでに消費税の課税事業者となっている者も含め、インボイス制度がスタートする令和5年10月1日の時点で登録を受けるためには、原則、令和5年3月31日までに税務署長に登録申請手続きを行う必要があります。

（注）令和5年3月31日までに登録申請書を提出できなかったことにつき困難な事情がある場合に、令和5年9月30日までの間に登録申請書にその困難な事情を記載して提出し、その後、税務署長により適格請求書発行事業者の登録を受けたときは、令和5年10月1日に登録を受けたとみなされます。なお、「困難な事情」については、その困難の度合いは問いません（＝登録を受けるか否かの判断に迷ったとの理由も可）。

なお、困難な事情の記載がない登録申請書を提出して令和5年10月2日以後に登録を受けた場合の登録日は、その登録を受けた日となります。

なお、それまで免税事業者であった者は、消費税課税事業者選択届出書を提出することなく、登録日（令和5年10月1日より前に登録の通知を受けた場合でも、登録日は10月1日となる）をもって消費税課税事業者となるとともに、登録日から課税期間の末日（個人の場合はその年の12月31日）までの期間についても、消費税の申告が必要となります。あわせて、令和5年12月31日までに「消費税簡易課税制度選択届出書」（103ページ）を税務署長に提出すれば、登録日の属する課税期間から簡易課税制度が適用できる特例も設けられています。

また、免税事業者が令和5年10月1日を過ぎて登録を受ける場合には、令和11年9月30日までの日の属する課税期間中（個人の場合は令和11年12月31日まで）の登録であれば、消費税課税事業者選択届出書を提出することなく、登録日から課税事業者となる経過措置が設けられています（登録日からその年の12月31日までの期間についても消費税の申告が必要。簡易課税制度適用の特例も措置）。

○農事組合法人や任意組合の組合員（構成員）等の留意点

農事組合法人で、組合員に対し、労務の対価を従事分量配当として支払っている場合や機械・施設等の使用料、農作業や圃場管理等の委託料を支払っている場合、それらは消費税が課される課税仕入れであり、現行制度では、その消費税の全額が仕入税額控除の対象となります（一般課税の場合）。しかしながら、インボイス制度の導入後は、これらの支払いを受ける個々の組合員が、個人の立場で「適格請求書発行事業者」にならなければ、その者への支払いに係る消費税分は、仕入税額控除として認められません（ただし6年間の経過措置あり）。

また、生産物の販売や作業受託を行う任意組合が、取引先との関係等により適格請求書を発行する必要がある場合には、構成員の全員が個々の立場で適格請求書発行事業者となった上で、業務執行役員等が所轄の税務署長に所定の手続きをとります。

いずれにしても、組合員や構成員に対して適格請求書発行事業者としての登録を求めることは、結果として、個々の組合員等に消費税課税事業者としての記帳実務や消費税申告を強いることにつながります。

農事組合法人や任意組合にあっては、インボイス制度への対応を契機として、組織形態の変更や給与制の導入、仕入税額控除不要の簡易課税の選択等について、様々な観点から検討を行うとよいでしょう。

〈参考：インボイス制度に係る税制改正予定事項〉

令和５年度税制改正の大綱が令和４年12月23日に閣議決定されました。

当該大綱では、中小事業者のインボイス制度導入に伴う負担の軽減のため、次の時限措置を設けています。

① 免税事業者からインボイス発行事業者（消費税課税事業者）へと転換した事業者については、消費税の納付税額を、売上げに係る消費税額の２割とする措置を３年間（個人事業者は令和５年10月～12月の申告から令和８年分の申告まで）講ずる。

② 基準期間の課税売上高が１億円以下、または特定期間の課税売上高が５千万円以下である事業者について、１万円未満の課税仕入れはインボイスがなくても仕入税額控除を認める措置を６年間（令和５年10月１日～令和11年９月30日）講ずる。

※ 国会の審議を経て正式決定されます。

11 相続等で事業を引き継いだ場合の納税義務

(1) 相続による場合

免税事業者である相続人が、相続により被相続人の事業を継承した場合においては、相続人の納税義務は次のとおりとなります。

① 相続があった年

ア) 相続があった年の基準期間における被相続人の課税売上高が１千万円を超える場合は、相続があった日の翌日からその年の12月31日までの間の納税義務は免除されません。

イ) 相続があった年の基準期間における被相続人の課税売上高が１千万円以下である場合は、相続があった年の納税義務が免除されます。ただし、この場合であっても、相続人が課税事業者を選択しているときは納税義務は免除されません。

② 相続があった年の翌年または翌々年

ア) 相続があった年の翌年または翌々年の基準期間における被相続人の課税売上高と相続人の課税売上高との合計額が１千万円を超える場合は、相続があった年の翌年または翌々年の納税義務は免除されません。

イ) 相続があった年の翌年または翌々年の基準期間における被相続人の課税売上高と相続人の課税売上高との合計額が１千万円以下である場合は、相続があった年の翌年または翌々年の納税義務が免除されます。ただし、この場合であっても、相続人が課税事業者を選択しているときは納税義務は免除されません。

なお、被相続人が提出した課税事業者選択届出書や簡易課税選択届出書の効力は、相続により被相続人の事業を継承した相続人は引き継げません。

したがって、相続人がこれらの規定の適用を受けようとするときは、速やかに被相続人の死亡届出書を提出するとともに、課税事業者選択届出書並びに簡易課税選択届出書を原則として相続開始の属する年の12月31日までに所轄税務署に提出しなければなりません。

(2) 相続によらない事業継承の場合

老齢によるリタイア等、相続によらない一般的な事業継承の場合には、個人が新たに事業を開始した場合と同様、２年間は免税事業者となります。

12 消費税の総額表示義務

消費者に対して商品の販売や役務の提供をする場合、あらかじめ値札やチラシなどの広告、ダイレクトメール、ホームページ等でその価格を表示するときは、消費税額を含む支払い総額（税込価格）での表示が義務づけられています。

したがって、課税事業者である農業者が行う直売や注文販売など、消費者に対して直接農産物や農産加工品等を販売する場合には、消費税額を含めた総額で価格を表示しなければなりません。

なお、農作業の受委託については、基本的に委託者は農業者という事業者であり、また、「不特定かつ多数の者」を顧客とした業務でないことから事業者間取引とされ、総額表示の義務づけの対象とはなりません。

総額表示方式の例（商品価格が10,000円、軽減税率８％の場合）

・10,800円
・10,800円（税込み）
・10,800円（本体価格10,000円）
・10,800円（うち消費税800円）
・10,800円（本体価格10,000円、消費税800円）

13 納付税額の計算方法と一般課税・簡易課税

（注）令和５年度税制改正予定事項であるインボイス制度導入に係る負担軽減措置（時限措置）の適用を受ける事業者は、ここでの記述内容と異なる部分があります。16ページを参照して下さい。

（１）納付税額の計算の基本

課税事業者は、売上げに係る消費税額は商品等の本体価格に上乗せし、売上代金より回収することになりますが、仕入れについても消費税額が上乗せされており、その時点で消費税の仮払いをしていることになります。

よって課税事業者が納付する消費税額は、その課税期間における課税売上げに係る消費税額から課税仕入れ等（課税仕入れと課税貨物の引き取り）に係る消費税額を控除（仕入税額控除）した残りの金額となります（４消費税の課税・納付の流れ－模式図参照）。

○税額計算のイメージ

消費税率が標準税率（10%）と軽減税率（８%）の２つとなることから、売上げと仕入れを税率ごとに区分して、それぞれの消費税額の計算を行い、売上税額の総額から仕入税額の総額を控除して納付税額を求めます。

売上税額 ＝（（標準税率の対象となる税込売上額）×（10／110））＋（（軽減税率の対象となる税込売上額）×（8／108））

仕入税額 ＝（（標準税率の対象となる税込仕入額）×（10／110））＋（（軽減税率の対象となる税込仕入額）×（8／108））※

売上税額 － 仕入税額 ＝ 納付税額

※　インボイス制度実施後の仕入税額の計算は、原則として、インボイス（適格請求書）に記載された税額の積上げによります。

（注）軽減税率制度が実施された令和元年10月１日から令和５年９月30日までの期間、売上げを軽減税率と標準税率とに区分することが困難な中小事業者に対して、売上税額の計算の特例が設けられています。くわしくは、国税庁発行の軽減税率制度に関する各種リーフレット等を参照して下さい。

用語説明　課税仕入れ

事業者が、事業として他の者から資産を譲り受け、もしくは借り受け、または役務の提供を受けることをいいます。

したがって、生産に必要な資材や種苗、農薬・肥料等の購入のほか、商品の仕入れ、機械等の事業用資産の購入や賃借、事務用品の購入、農作業の委託や運送等のサービスの提供を受けること等をいいます。

なお、免税事業者や消費者からの資材や中古品等の仕入れも課税仕入れに該当しますが、令和５年10月のインボイス制度の導入後は、仕入税額控除の対象とはなりません（令和５年10月から６年間は一定の経過措置あり）。

また、土地の購入や賃借、株式や債券の購入、利子や保険料の支払いなどの非課税取引は課税仕入れに該当しないほか、一般的な給与等を対価として役務の提供を受けることは雇用契約に基づくものであり、課税仕入れには該当しませんが、酪農ヘルパー料金等は課税仕入れになります（その他、給与等のうち、通常必要な金額としての通勤手当がある場合には、課税仕入れ）。

（2）一般課税と簡易課税

納付税額の計算方法には、一般的な計算方法である一般課税によるものと、中小事業者が選択できる簡易な計算方法である簡易課税によるものとがあります。

一般課税	簡易課税
課税期間の課税売上げに係る消費税額から課税仕入れ等に係る消費税額を控除（仕入税額控除）したものが納付税額となります。	中小事業者の納税事務の負担を軽くするための制度で、基準期間の課税売上高が5,000万円以下の事業者が事前に「消費税簡易課税制度選択届出書」を提出することにより選択できます（21ページ参照）。 課税売上げに係る消費税額に、事業区分に応じた次の「みなし仕入率」（以下の表参照）を乗じ、これを課税仕入れ等に係る消費税額とみなして納付税額を計算します。

事業区分	みなし仕入率	該当事業
第１種事業	90％	**卸売業** 他の者から購入した商品をその性質および形状を変更しないで他の事業者に対して販売する事業をいいます。
第２種事業	80％	**農業（軽減税率（８％）が適用されるもの※1）、小売業** 他の者から購入した商品をその性質および形状を変更しないで消費者に販売する事業をいいます。 ・農産加工品等の製造、加工、販売（軽減税率（８％）が適用されるもの※2）
第３種事業	70％	**農業（標準税率（10％）が適用されるもの）、林業、漁業、鉱業、建設業（造園業を含む）、製造業（製造小売業を含む）、電気業、ガス業、熱供給業および水道業** 第１種事業または第２種事業に該当するものおよび加工賃その他これに類する料金を対価とする役務の提供を行う事業を除きます。 ・農産加工品等の製造、加工、販売（標準税率（10％）が適用されるもの） ・植木の手入れ等
第４種事業	60％	**飲食店業等** 第１種事業、第２種事業、第３種事業、第５種事業および第６種事業以外の事業をいい、また、第３種事業から除かれる加工賃その他これに類する料金を対価とする役務の提供を行う事業を含みます。 ・固定資産の売却処分 ・作業受託
第５種事業	50％	**運輸通信業、金融・保険業、サービス業（飲食店業を除く）** 第１種事業から第３種事業までの事業に該当する事業を除きます。 ・農業用機械等のリース
第６種事業	40％	**不動産業** ・不動産の貸付（一時使用以外の居住用および土地貸付を除く） ・駐車場業

※１　軽減税率の対象とならない農畜産物は、引き続き、第３種事業（みなし仕入率70％）が適用となります。
　例：食 用 米（軽減税率 8％）…第２種事業（みなし仕入率80％）
　　　飼料用米（標準税率10％）…第３種事業（みなし仕入率70％）

※２　自ら栽培した農産物（食用）を生産する農家が、それを原材料として製造を行った場合の簡易課税の事業区分の判定イメージ（農産物加工食品）

同一構内における工場、作業所等の有無	製造活動に専従する従業員の有無	事業区分
無	無	農業（食用）（第２種）
有	無	農業（食用）（第２種）
無	有	農業（食用）（第２種）
有	有	製造業（第３種）

（注）上記は取引ごとに判定する。

したがって、「みなし仕入率」よりも実際の課税仕入率の方が高くなる経営では、一般課税を選択した方が納付税額が少なくなります。

なお、大規模な設備投資等により、課税売上げに係る消費税額よりも課税仕入れ等に係る消費税額の方が過大となることが予定される場合には、簡易課税制度を選択していると消費税の還付が受けられないので、注意が必要です。

必要な手続き

●簡易課税制度を選択しようとするとき

事業者が簡易課税制度の適用を受けるためには、「消費税簡易課税制度選択届出書」を適用を受けようとする課税期間の開始する日の前日までに、納税地の所轄税務署長に提出する必要があります。

※① 個人が新たに事業を開始した課税期間や、簡易課税制度を適用している被相続人の事業を相続により承継した課税期間である場合、また、インボイス制度の実施により、免税事業者が、適格請求書発行事業者の登録にあわせて「簡易課税制度の届出の特例」を受ける場合（15ページ参照）には、その課税期間中に提出すれば、その課税期間から簡易課税制度の適用を受けることができます。

② 簡易課税制度の適用を選択している事業者が免税事業者となった場合でも、簡易課税制度選択届出書は効力を有していますので、再び課税事業者となったときには、「消費税簡易課税制度選択不適用届出書」を提出している場合を除き、簡易課税制度を適用して申告を行うこととなります。

③ 基準期間における課税売上高が５千万円を超える課税期間については、「消費税簡易課税制度選択届出書」を提出している場合であっても、簡易課税制度を適用して申告することはできません。

●簡易課税制度の選択をやめようとするとき

簡易課税制度の適用を受けている事業者が、この適用をやめて一般課税により仕入控除税額を計算しようとする場合には、適用をやめようとする課税期間の開始する日の前日までに「消費税簡易課税制度選択不適用届出書」を納税地の所轄税務署長に提出する必要があります。

ただし、簡易課税制度を選択した事業者は、２年間はその適用をやめることはできません。

14 帳簿及び請求書等の保存義務

（注）令和５年度税制改正予定事項であるインボイス制度導入に係る負担軽減措置（時限措置）の適用を受ける事業者は、ここでの記述内容と異なる部分があります。16ページを参照して下さい。

課税仕入れ等に係る消費税額を控除するためには、原則、課税仕入れ等の事実を記載し、標準税率（10％）・軽減税率（８％）の区分経理に対応した帳簿とその事実を証する区分記載請求書等の両方の保存が義務づけられています＝区分記載請求書等保存方式（なお、令和５年10月からは、インボイス制度の導入に伴い、税務署長に申請し登録を受けた課税事業者から交付を受けた適格請求書等の保存が要件（＝適格請求書等保存方式）となるとともに、帳簿上、仕入税額控除の対象となる課税仕入れ等であるか否かの区分が新たに必要となります）。

したがって、課税仕入れ等があった場合でも、これらの両方が保存されていない場合（災害等保存できなかったことについてやむを得ない事情がある場合を除きます）には、その保存されていない課税仕入れ等の税額は、控除の対象になりません。

また、簡易課税制度の適用を受けている事業者は、課税仕入れ等に関する帳簿及び請求書等を保存する必要はありませんが（実際には所得申告上、記帳および保存の必要がある）、売上げ内容を記帳する帳簿には、一般的な内容に加え、標準税率・軽減税率の区分とその売上げが第１種から第６種までのどの事業に該当するかについても記載して、保存しなければなりません。

なお、これらの帳簿及び請求書等は、確定申告期限の翌日から、原則、７年間保存することとされています。

> 帳簿及び請求書等の記載事項については次章Ⅱ－６（35ページ）で説明。

15 消費税の申告・納付

個人事業者は、翌年の３月31日までに（法人は課税期間終了後２ヶ月以内に）所轄税務署長に対し**消費税及び地方消費税の確定申告書**を提出し、消費税額と地方消費税額を合わせて納付します。

また直前の課税期間の確定消費税額（年税額）によっては、中間申告・納付を行わなければなりません。中間申告の回数と納付税額は下記のとおりです。

区分		中間申告・納付
①直前の課税期間の年税額が4,800万円（地方消費税含み6,000万円）を超える事業者	→	**その年税額の1/12の額を年11回中間申告・納付**
②直前の課税期間の年税額が400万円を超え、4,800万円以下（地方消費税含み500万円超6,000万円以下）の事業者	→	**その年税額の1/4の額を年3回中間申告・納付**
③直前の課税期間の年税額が48万円を超え400万円以下（地方消費税含み60万円超500万円以下）の事業者	→	**その年税額の1/2の額を年1回中間申告・納付**
④直前の課税期間の年税額が48万円（地方消費税含み60万円）以下の事業者	→	**中間申告・納付は不要**

（注）中間申告については、各中間申告対象期間ごとの仮決算に基づいて納付税額を計算、納付することも可能です。

なお、控除する消費税額が課税売上げに係る消費税額を上回り控除不足額が生じた場合、または、中間納付税額がその年確定した年税額を上回る場合には、還付を受けるための申告書（**還付申告書**）を提出します。

なお、その場合には、仕入控除税額に関する明細や、課税資産の譲渡、輸出取引に係る項目等について記載した「**消費税の還付申告に関する明細書**」の添付が義務づけられています（中間納付還付税額のみの還付申告書には添付の必要なし）。

消費税の課税事業者に該当するかどうかのチェック表

課税売上高の計算

その年（課税期間）に課税事業者に該当するかどうかは、基準期間（前々年）および特定期間（前年1月1日から6月30日まで）の課税売上高により判定します。チェック表の金額欄右にある**決算書等の該当項目は、基準期間での判定の際に参照**してください。また、特定期間での判定では、課税売上高に代えて給与等支払額の合計額により判定しても構いません。

1　農業収入

A	総収入金額	円	青色申告決算書（農業所得用）の④の金額、または収支内訳書（農業所得用）の④の金額
B	消費税が課税されない金額	円	下の計算表で計算した金額
C	A－B	円	

※　果樹・牛馬等の育成費用の計算欄に「育成中の果樹等から生じた収入金額」がある場合は、総収入金額に含めます。

●農業収入のうち、消費税が課税されない金額

主な収入の区分		金　額
事業消費（農産物での支払いを除く）		①
雑収入	事業分量配当金※	②
	共済金など	③
	補助金など	④
①～④の計		円

※　消費税の計算では、仕入対価の返還として処理します。

2　不動産収入

D	総収入金額	円	青色申告決算書（不動産所得用）の④の金額、または収支内訳書（不動産所得用）の⑤の金額
E	消費税が課税されない金額	円	下の計算表で計算した金額
F	D－E	円	

●不動産収入のうち、消費税が課税されない金額

主な収入の区分	金　額	
土地の貸付	①	なお、駐車場やテニスコート等、施設として貸し付けているものや、１月未満の土地の貸し付けなどには消費税が課税されます。
住宅の貸付	②	なお、店舗や事務所として貸し付けているものや、１月未満の住宅の貸し付けなどには消費税が課税されます。
①＋②	円	

3　営業等収入

G	総収入金額	円	青色申告決算書（一般用）の①の金額、または収支内訳書（一般用）の④の金額
H	消費税が課税されない金額	円	
I	G－H	円	

4　その他の収入

J	その他の収入	円	例えば、事業用の固定資産の譲渡金額

5　課税売上高

K	※C＋F＋I＋J	円

※　上記の計算期間が課税事業者であった場合には、適用税率の区分に応じ100/110 または 100/108 を乗じて税抜きの売上高にします。

1千万円以下 → **消費税の免税事業者となります。**

1千万円超 → **消費税の課税事業者となります。**

基準期間および特定期間での判定で、**いずれかが**課税事業者に該当した場合は、当年は課税事業者となります。

Ⅱ 経理処理と帳簿等の記載事項

（注）令和５年度税制改正予定事項であるインボイス制度導入に係る負担軽減措置（時限措置）の適用を受ける事業者は、ここでの記述内容と異なる部分があります。16ページを参照して下さい。

1 消費税の経理方式

消費税の課税対象となる取引の経理処理には、消費税額を売上げや経費・仕入れ等の金額と区分して扱うか否かにより、**税込経理方式**（消費税額を売上げや経費・仕入れ等の金額に含めて処理）と**税抜経理方式**（消費税額を売上げや経費・仕入れ等の金額と区分して処理）があります。

税込方式または税抜方式いずれの場合でも、税務署長等への届出は必要なく、事業者にとって都合の良い経理方式を採用して構いません（ただし、免税事業者の経理処理は税込方式のみ）。どちらの方式を採用しても、通常、納付すべき消費税額は同額になります。

なお、インボイス制度導入後の税抜経理方式では、経費・仕入れ等の支払い金額と区分した消費税額（仮払消費税）のうち、仕入税額控除の対象とならない免税事業者や消費者からの仕入れ等に係る税額相当分を、経費本体に繰入れる経理処理が別途、必要になります。

また、経理処理として税抜方式を採用していても、消費者に対して商品の販売や役務の提供をする場合、あらかじめ値札やチラシなどの広告、ダイレクトメール、ホームページ等でその価格を表示するときは、税込価格（内税方式）での価格表示（総額表示）が義務づけられています（18ページ参照）。

税込経理方式、税抜経理方式のいずれの場合でも、軽減税率（８％）の対象となる取引なのか、標準税率（10％）の対象となる取引なのかを明確に区分しておく必要があります。

区分	税込経理方式	税抜経理方式
特徴	資産の購入や経費の支払いに係る消費税額は、その取得価額や経費の支払金額に含んで計上します。 また、農畜産物や固定資産を売却して得た収入には、受け取った消費税額も含んで計上します。	資産の購入や経費の支払いに係る消費税額は、相手の事業者が預かる税金として仮払消費税に区分し、計上します。 また、農畜産物や固定資産を売却して得た収入に対する消費税額は、自己の経営が預かる税金として仮受消費税に区分し、計上します。
長所	記帳は、消費税額を含んだ合計で行うため単純です。	消費税額が別に区分されているため、事業上の損益が消費税によって影響を受けることはありません。
短所	収入、支出等に消費税額が含まれて計上されているため、事業の損益は消費税によって影響を受けることになります。	記帳は、消費税額を別に区分して行うため、多少手数がかかります。
売上げに係る消費税額	売上げに含めて収益として計上します。	受け取った消費税額を売上げとは別に区分し、仮受消費税として計上します。
経費等に係る消費税額	資産の取得価額や経費の支払金額に含めて計上します。	支払額に対する消費税額を別に区分し、仮払消費税として計上します。
納付税額	租税公課として経費になります。	仮受消費税から仮払消費税を控除した残りの金額が納付税額となり、損益には影響しません。
還付税額	雑収入として収益になります。	仮払消費税から仮受消費税を控除した残りの金額を還付金として請求することができます。損益には影響しません。

※インボイス制度導入前の例によります

2 日常の経理処理の仕方

※インボイス制度導入前の例によります

税込方式および税抜方式による経理処理の仕訳例は、次のようになります。

[野菜の直売の売上げが8,640円（税込／軽減税率８%）あった]

税込方式

借方		貸方	
現　　金	8,640	野菜売上	8,640
（現金の増）		（収益の発生）	

税抜方式

借方		貸方	
現　　金	8,640	野菜売上	8,000
（現金の増）		（収益の発生）	
		仮受消費税	640
		（仮受消費税の増）	

[肥料代5,500円（税込／標準税率10%）が口座引落しされた]
※買掛処理はしていないものとする

税込方式

借方		貸方	
肥料費	5,500	普通預金	5,500
（費用の発生）		（預金の減）	

税抜方式

借方		貸方	
肥料費	5,000	普通預金	5,500
（費用の発生）		（預金の減）	
仮払消費税	500		
（仮払消費税の増）			

税込みの金額を税抜きに直すには、次のように計算します。

$$\text{税込金額} \times \left(\frac{100}{108} \text{または} \frac{100}{110} \right) = \text{税抜金額}$$

以上の仕訳に基づき、それぞれの勘定科目ごとに、総勘定元帳等へ取引金額や内容、軽減税率の適否等について転記します。

なお、税抜方式による経理を採用した場合、仮受消費税額や仮払消費税額の計上は取引の都度（仕訳の都度）行うのが原則ですが、簡便法として、期中は税込みで仕訳をし、月末や年末に一括して仮受消費税・仮払消費税勘定へ振替処理する方法もあります。

簡便法による経理処理の仕訳例は、次のようになります。

[期中は税込方式により処理]

現　　金 8,640	野菜売上 8,640
（現金の増）	（収益の発生）

肥　料　費 5,500	普通預金 5,500
（費用の発生）	（預金の減）

[月末や年末に仮受消費税・仮払消費税勘定へ振替]

野菜売上 640	仮受消費税 640 （軽減税率８％）
（収益の減算）	（仮受消費税の増）

仮払消費税 500 （標準税率10%）	肥　料　費 500
（仮払消費税の増）	（費用の減算）

※仮受・仮払消費税額を計算する際には、期中の取引金額に８％適用分と10%適用分が混在していないか留意します（例えば食用米の売上（軽減税率８％）と飼料用米の売上（標準税率10%）の混在など）。

3 税抜方式と税込方式の併用による経理処理

課税事業者の経理処理については、選択した経理方式を全ての取引に適用することが原則ですが、売上げなどの収入に係る取引について税抜経理方式を採用している場合には、固定資産、繰延資産、棚卸資産及び山林（以下「固定資産等」という）の取得に関する取引、又は販売費、一般管理費など（以下「経費等」という）の支出に関する取引のいずれか一方の取引について、税込経理方式を適用することができます。

また、固定資産等のうち棚卸資産又は山林の取得に関する取引について、継続して適用することを条件として固定資産及び繰延資産と異なる経理処理方式を選択適用することができます。

（注１）税込経理方式と税抜経理方式とを併用する場合でも、個々の固定資産等又は個々の経費等について異なる経理方式を適用することはできません。

例えば、固定資産のうち、ある固定資産については税抜きとし、そのほかの固定資産については税込みとするというようなことは認められません。

（注２）売上げなどの収入に係る取引について税込経理方式を採用している場合は、固定資産等の取得に関する取引及び経費等の支出に関する取引について 税抜経理方式を適用することはできません。

また、事業所得（農業所得）、不動産所得、山林所得、雑所得のうち、二つ以上の所得を生じる業務を営んでいる場合には、その所得ごとに経理方式を選択できます（事業用資産の譲渡については、その資産を事業の用に供していた所得と同一の経理方式による）。

4 消費税額等の端数処理

※インボイス制度導入前の例によります

たとえば本体価格が180円である軽減税率対象の農産物を販売する場合、計算上の消費税額は180円×８％＝14.4円となり、１円未満の端数が生じます。

この端数の処理については、切り捨てなり四捨五入なり、または切り上げなりと、販売を行う事業者が各自採用する方法によるところとなるので、税込価格が194円になる事業者と195円になる事業者が存在することになります（税抜経理方式の場合、仮受消費税額が14円になる事業者と15円になる事業者が存在）。

また、本体価格と消費税額が区分されていない課税仕入れについて、税抜経理方式では、税込価格に100/110（標準税率）または100/108（軽減税率）を乗じて本体価格と仮払消費税額に区分しますが、この場合の１円未満の端数処理についても、事業者各自の処理方法によります。

つまり、標準税率対象の税込価格90円での仕入れを例にとると、計算上の本体価格は90円×100/110≒81.8円となり（消費税額は8.2円）、［本体価格81円－仮払消費税９円］とする事業者と［本体価格82円－仮払消費税８円］とする事業者があることになります。

なお、確定申告時には、税額計算の基礎となる課税売上高や課税仕入高の算出や、これらに係る消費税額等を計算しますが、その計算過程で生じる１円未満の端数については、「切り捨て」を原則とします（内容により千円未満切り捨て、百円未満切り捨ての場合あり）。

5 納付税額等の経理処理の仕方と所得税の決算との関係 ※インボイス制度導入前の例によります

前出【1消費税の経理方式】の項で説明したように、消費税の納付税額や還付税額については、税込経理方式の場合、納付税額は租税公課として費用処理し、還付税額は雑収入として収益処理することになります。

一方、税抜経理方式の場合には、期中の仮受消費税額と仮払消費税額との差額の精算として納付や還付を行いますので、原則として所得税の損益には影響を与えないわけですが、実際には、消費税額等の端数処理やみなし計算の影響により、帳簿上の納付税額等と申告書上の納付税額等との間に差額が生じ、これを整理するための経理処理が必要になります。

ここでは、納付税額等の実務上の経理処理方法とそれによる所得税の決算額の調整について、一般課税・簡易課税の別および税込経理方式・税抜経理方式の別に説明します。

（1）一般課税の場合

一般課税では、期中の課税売上げに係る消費税額から課税仕入れに係る消費税額を控除した残額が納付税額となります（課税仕入れに係る消費税額が過大で控除しきれない額があれば、それが還付税額となります）。

【税込経理方式によっている場合】

消費税の納付税額または還付税額は、消費税の申告書が提出された時に具体的に確定することになりますので、原則として、その申告書を提出した日の属する年分（課税期間からみると翌年分）の必要経費または収入金額に計上します。

[納付税額の経理処理]

※納付時に処理

租税公課 （費用の発生）	現金･普通預金など （現金･預金の減）

[還付税額の経理処理]

※還付時に処理

普通預金など （預金の増）	雑収入 （収益の発生）

また、上記の方法に代え、申告書を作成する段階で明らかになった納付税額等について、課税期間の期末現在（12月31日現在）における「未払いの租税公課」または「未収の雑収入」として決算処理する方法をとっている場合には、当年分の必要経費または収入金額に計上することができます。

[納付税額の経理処理]

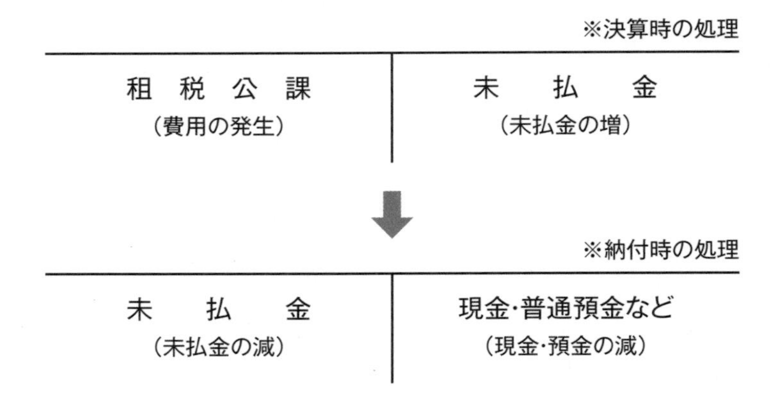

[還付税額の経理処理]

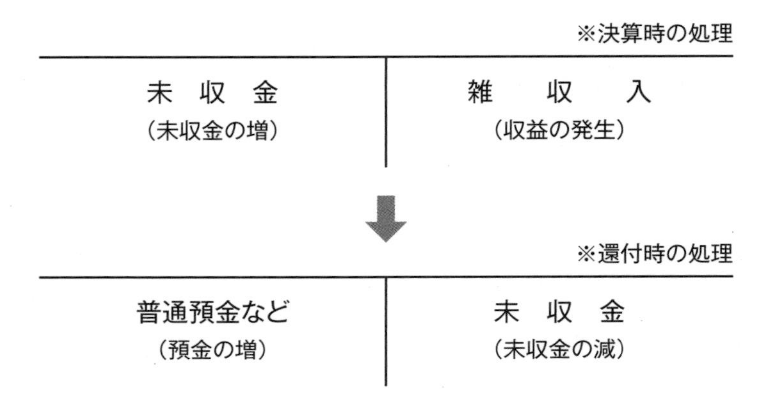

※決算時の処理
未　収　金
（未収金の増）
雑　　収　　入
（収益の発生）
※還付時の処理
普通預金など
（預金の増）
未　収　金
（未収金の減）

なお、消費税額の計算では、所得の種類に関係なく、その者が行う業務の全体を基として納付税額または還付税額を算出しますが、所得税では、それぞれの所得の種類ごとに所得金額を計算します。

したがって、農業者がその他の事業所得や不動産所得などを有する場合には、消費税の納付税額または還付税額について必要経費または収入金額に計上するにあたり、それぞれの所得に帰属すべき金額を、所得ごとの課税売上げや課税仕入れに係る消費税額を基に再計算する必要があります（消費税の計算では、業務用固定資産の譲渡がある場合には、譲渡所得としてではなく、その事業等の課税売上げに含めて計算します）。

【税抜経理方式によっている場合】

税抜経理方式の場合には、原則として所得税の損益には影響しませんが、消費税額の計算手続き上、端数処理の影響により［仮受消費税額から仮払消費税額を控除した額］と［申告書の計算による実際の納付税額等］との間に若干の差額が生じます。

この差額については、当該課税期間の雑収入または租税公課等として処理します。

［納付税額の経理処理］※決算時の処理

［事例1］

借方		貸方	
仮受消費税	611,483	仮払消費税	420,086
		未払消費税(注)	191,300
		雑収入	97

［事例2］

借方		貸方	
仮受消費税	611,483	仮払消費税	420,086
租税公課	3	未払消費税(注)	191,400

（注）未払消費税とは、決算時の計算により実際に納付することとなる税額をいう。

［還付税額の経理処理］※決算時の処理

［事例3］

借方		貸方	
仮受消費税	623,865	仮払消費税	755,284
未収消費税(注)	131,500	雑収入	81

［事例4］

借方		貸方	
仮受消費税	623,865	仮払消費税	755,284
未収消費税(注)	131,400		
租税公課	19		

（注）未収消費税とは、決算時の計算により実際に還付されることとなる税額をいう。

また、一般課税では、非課税売上げが全体の売上げの一定割合を超える場合には、仮払消費税額のうち仕入控除税額として仮受消費税額から控除できるのは、課税売上げに関連した課税仕入れに対応する部分とされています。

したがって、仮払消費税額のうち非課税売上げに関連した課税仕入れに対応する部分は、決算時に仮受消費税や未払消費税等と精算できずに残ってしまうことになります。

このような場合には、所得金額の計算上、残った仮払消費税額を個々の経費または資産の取得価額へ算入することになります。

（2）簡易課税の場合

簡易課税では、期中の課税売上げに係る消費税額に事業区分に応じた「みなし仕入率」を乗じたものを仕入控除税額とし、これを課税売上げに係る消費税額から控除したものが納付税額となります。

課税売上げに係る消費税額を基にしたみなし計算により納付税額を算出するため、仕入控除税額が課税売上げに係る消費税額より過大になることはなく、原則、還付税額は発生しません。

【税込経理方式によっている場合】

消費税の納付税額に係る経理処理と所得税の決算額の調整は、一般課税の場合と全く同様です。

また、農業所得と不動産所得等、２以上の所得を生ずべき業務がある場合の処理方法についても、一般課税の場合に準じます。

【税抜経理方式によっている場合】

簡易課税の場合には、実際の課税仕入れに係る消費税額が計算要素として絡んでこないため、［仮受消費税額から仮払消費税額を控除した額］と［申告書の計算による実際の納付税額］との間には、恒常的に差額が生じます。

この差額については、一般課税の場合と同様に、当該課税期間の雑収入または租税公課等として処理します。

また、農業所得と不動産所得等、２以上の所得を生ずべき業務がある場合には、それぞれの所得について再計算・処理します（消費税の計算では、業務用固定資産の譲渡に係る仮受消費税額がある場合には、その事業等の仮受消費税額に含めます）。

［納付税額の経理処理］ ※決算時の処理

［事例1］

借方		貸方	
仮受消費税	611,483	仮払消費税	420,086
		未払消費税(注)	183,300
		雑　収　入	8,097

［事例2］

借方		貸方	
仮受消費税	611,483	仮払消費税	429,684
租 税 公 課	1,501	未払消費税(注)	183,300

（注）未払消費税とは、決算時の計算により実際に納付することとなる税額をいう。

なお［事例２］のように、［仮受消費税額から仮払消費税額を控除した額］よりも［申告書の計算による実際の納付税額］が過大となっているケースは、簡易課税のみなし仕入率よりも実際の仕入率の方が上回っていることを意味しており、一般課税を選択する方が有利であることを示しています。

6 帳簿及び請求書等の記載事項

課税事業者は、帳簿を備え付けて、これに①取引を行った年月日、②取引の内容、③取引金額、④取引の相手方の氏名または名称（農産物の直売等不特定多数の者に商品を販売する場合などは省略可）、⑤消費税の課否（課税･非課税･不課税の別）及び標準税率・軽減税率の区分、さらに簡易課税制度の適用事業者にあっては売上げの事業区分、加えてインボイス制度導入後は、課税事業者にあっては、その課税仕入れ等が仕入税額控除の対象となるか否かの区分などについて整然かつ明瞭に記載し、この帳簿を確定申告期限の翌日から原則７年間保存しなければなりません。

【区分記載請求書等保存方式】（令和５年９月30日まで）

課税仕入れ等に係る消費税額を控除するためには、軽減税率の対象となる取引がある事業者は、原則として、標準税率・軽減税率の区分経理及び区分記載された課税仕入れ等の事実を記録した帳簿と、その事実を証する請求書等の両方の保存が義務づけられていますが（区分記載請求書等保存方式）、これらに必要な記載事項は次のとおりです。

帳簿と区分記載請求書等の記載事項

帳簿の記載事項	区分記載請求書等の記載事項
①　課税仕入れの相手方の氏名又は名称 ②　取引年月日 ③　取引内容 （軽減税率の対象品目である旨） ④　対価の額	①　請求書発行者の氏名又は名称 ②　取引年月日 ③　取引内容 （軽減税率の対象品目である旨） ④　税率ごとに区分して合計した税込対価の額 ⑤　請求書受領者の氏名又は名称※ ※　不特定多数の者に対して販売等を行う小売や飲食店業等に係る取引については、記載を省略できます。

なお、一般的な農産物の販売など、売上げに軽減税率の対象品目が含まれる場合、免税事業者であっても、買い手から区分記載請求書等の発行を求められることがあります。

帳簿と区分記載請求書等の記載例

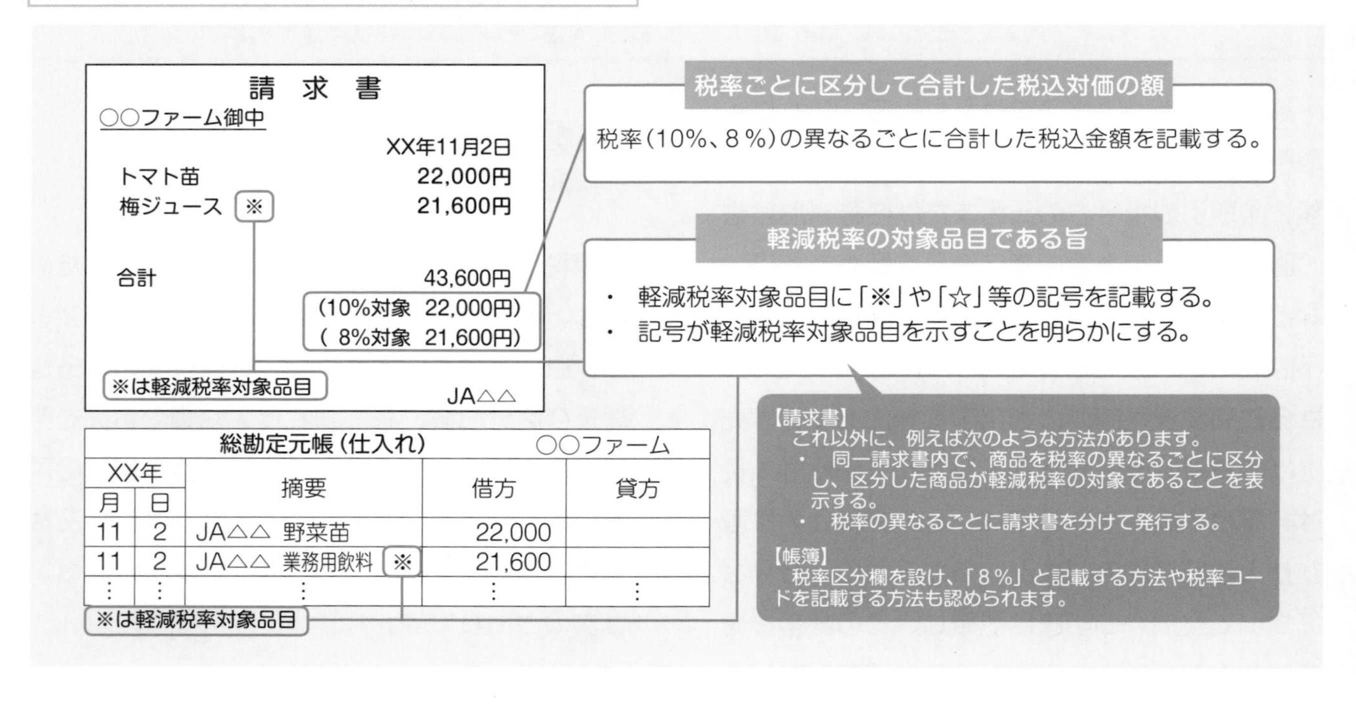

なお、帳簿については、これらの記載事項を充足するものであれば、通常の所得税の申告で使用している帳簿で差し支えありません。

① 課税仕入れに係る支払対価の額の合計額が３万円未満である場合には、請求書等の保存は要せず、法定事項が記載された帳簿のみ保存すればよいこととされています。

なお、３万円未満かどうかは、１商品ごとの税込金額等で判定するのではなく、１回の取引の課税仕入れに係る税込金額により判定します。

② 課税仕入れに係る支払対価の額の合計額が３万円以上の場合であっても、請求書等の交付を受けなかったことにつきやむを得ない理由があるときは、法定事項を記載した帳簿に当該やむを得ない理由及び課税仕入れの相手方の住所または所在地を記載することにより、適用要件を満たしているものとして取り扱われます。

なお、やむを得ない理由には、例えば、入場券、乗車券等の購入のように課税仕入れの証明書類が回収されてしまう場合や、課税仕入れの相手方に請求書等の交付を請求しても交付してもらえなかった場合などが該当します。

更に、課税仕入れの相手方が公共交通機関である場合や郵便料金等の支払いなどについては、やむを得ない理由のみ記載すればよく、相手方の住所または所在地の記載を省略できます。

③ 仕入先から交付された請求書等に、「軽減税率の対象品目である旨」や「税率ごとに区分して合計した税込対価の額」の記載がない

時は、これらの項目に限って、交付を受けた事業者自らが、その取引の事実に基づき追記することができます。

④ 請求書等の記載内容を帳簿へ記載するにあたっては、課税商品と非課税商品がある場合を除いて、商品の一般的な総称でまとめて記載するなど、申告時に請求書等を個々に確認することなく帳簿に基づいて仕入控除税額を計算できる程度の記載で差し支えありません。

⑤ 一取引で複数の一般的な総称の商品を２種類以上購入した場合でも、それが経費に属する課税仕入れであるときは、商品の一般的な総称でまとめて「○○等」、「○○ほか」のように記載することで差し支えありません。

⑥ 同一の商品（一般的な総称による区分が同一となるもの）を一定期間内に複数回購入しているような場合でも、その一定期間分の請求書等に一回ごとの取引の明細が記載または添付されているときには、課税商品と非課税商品がある場合を除いて、帳簿の記載に当たり、課税仕入れの年月日を、例えば「○月分」というようにその一定期間の記載とし、取引金額もその請求書等の合計額による記載で差し支えありません。

⑦ 伝票会計を採用している事業者の伝票が法定事項を記載したものであれば、当該伝票を整理し、日計表月計表等を付加した伝票綴りを保存する場合は、「帳簿の保存」があるものとして取り扱われます。

⑧ 帳簿に記載すべき氏名または名称は、フルネームで記載するのが原則ですが、課税仕入れの相手方について正式な氏名または名称およびそれらの略称が記載されている取引先名簿が備え付けられていること等により課税仕入れの相手方が特定できる場合には、略称による氏名または名称の記載であっても差し支えありません。

また、屋号等による記載でも、電話番号が明らかであること等により課税仕入れの相手方が特定できる場合には、正式な氏名または名称の記載でなくても差し支えありません。

【適格請求書等保存方式（インボイス制度）】（令和５年10月１日より）

令和５年10月から、事業者（買い手）が仕入税額控除の適用を受けるためには、帳簿のほか、売り手から交付を受けた「適格請求書」等の保存が必要となります（買い手が作成した仕入明細書等による対応も可能）。

適格請求書とは、「売り手が買い手に対して、正確な適用税率や消費税額等を伝えるための手段」であり、登録番号のほか、一定の事項が記載された請求書や納品書、その他これらに類するものをいいます（請求書や納品書、領収書、レシート等、その名称は問いません）。

適格請求書を交付することができるのは、税務署長の登録を受けた「適格請求書発行事業者」に限られます。

従来の区分記載請求書とインボイス

区分記載請求書等へ新たに追加記載する事項	❽登録番号 ❾税率ごとの消費税額及び適用税率

※① 不特定多数の者に対して販売を行う小売業等については、適格請求書の記載事項を簡易なもの（交付を受ける事業者の氏名・名称を省略する等）とすることができます（適格簡易請求書）。

※② 適格請求書の交付に代えて、電磁的記録（適格請求書の記載事項を記録した電子データ）を提供することも可能です。

請　求　書

Bスーパー御中

11月分		326,000 円（税込）
11/1	鉢花	44,000 円
11/1	野菜	※162,000 円
11/30	鉢花	66,000 円
11/30	野菜	※54,000 円
合計		326,000 円
消費税		26,000 円
❾	（10%対象	110,000 円
	内消費税	10,000 円）
	（8%対象	216,000 円
	内消費税	16,000 円）

※印は軽減税率対象商品

❽ 農業者 A 登録番号○○○

なお、次の取引は、適格請求書発行事業者が行う事業の性質上、適格請求書を交付することが困難なため、適格請求書の交付義務が免除されます。

① 3万円未満の公共交通機関（船舶、バス、鉄道）による旅客の運送

② 出荷者等が卸売市場において行う生鮮食料品等の販売（出荷者から委託を受けた受託者が卸売の業務として行うものに限る。14ページ参照）

③ 生産者が農業協同組合、漁業協同組合又は森林組合等に委託して行う農林水産物の販売（無条件委託方式かつ共同計算方式により生産者を特定せずに行うものに限る。14ページ参照）

④ 3万円未満の自動販売機及び自動サービス機により行われる商品の販売等

⑤ 郵便切手類のみを対価とする郵便・貨物サービス（郵便ポストに差し出されたものに限る）

また、請求書等の交付を受けることが困難であるなどの理由により、次の取引については、一定の事項を記載した帳簿の保存のみで仕入税額控除が認められます。

① 適格請求書の交付義務が免除される3万円未満の公共交通機関による旅客の運送

② 適格請求書の交付義務が免除される3万円未満の自動販売機及び自動サービス機からの商品の購入等

③ 適格請求書の交付義務が免除される郵便切手類のみを対価とする郵便・貨物サービス（郵便ポストに差し出されたものに限る）

④ 従業員等に支給する通常必要と認められる出張旅費等（出張旅費、宿泊費、日当及び通勤手当）

⑤ 適格簡易請求書の記載事項（取引年月日を除きます。）が記載されている入場券等が使用の際に回収される取引

⑥ 古物営業を営む者の適格請求書発行事業者でない者からの古物の購入

⑦ 質屋を営む者の適格請求書発行事業者でない者からの質物の取得

⑧　宅地建物取引業を営む者の適格請求書発行事業者でない者からの建物の購入
⑨　適格請求書発行事業者でない者からの再生資源又は再生部品の購入

(注) 上記、一定の事項を記載した帳簿のみの保存で仕入税額控除を行う場合の帳簿への記載事項について、くわしくは、国税庁のインボイス制度に関するQ&Aサイトやパンフレット等を参照して下さい。

Ⅲ

消費税の確定申告書等の作成手順

（国税庁 HP・確定申告書等作成コーナーを利用して）

※インボイス制度導入前の例によります

1 「農業課税取引金額計算表（試算用）」の作成

令和元年10月１日から、消費税率の引き上げに合わせて軽減税率制度が実施されました（Ⅰ－２ 消費税の税率、３ 軽減税率制度参照）。

特に、農業では軽減税率が適用される飲食料農畜産物と、標準税率が適用される農畜産物に区分して記帳するなどの経理（区分経理）が必要です。

区分経理により作成した帳簿により損益計算書（青色申告決算書、収支内訳書）を作成します。

消費税確定申告書の作成に当たっては、帳簿や損益計算書（青色申告決算書、収支内訳書）、JA等の支払い明細書・精算書などを用い、課税取引になるもの（税率別）と課税取引にならないもの（免税取引、非課税取引及び不課税取引）に区分し、「課税取引金額計算表（農業所得用）」（49ページ）を作成すると便利です。

なお、本書では税務署で提供しているものとは別に、農業者が作成しやすいように「農業課税取引金額計算表（試算用）」（51ページ）を用意いたしましたので活用ください。

（1）「農業課税取引金額計算表（試算用）」作成に当たっての留意点

※　JA等へ飲食料用農畜産物を委託販売した場合の課税売上の計算方法が、軽減税率制度の導入により変更されました（12ページ及び下図参照）。

《軽減税率が適用される飲食料用農畜産物の取引》

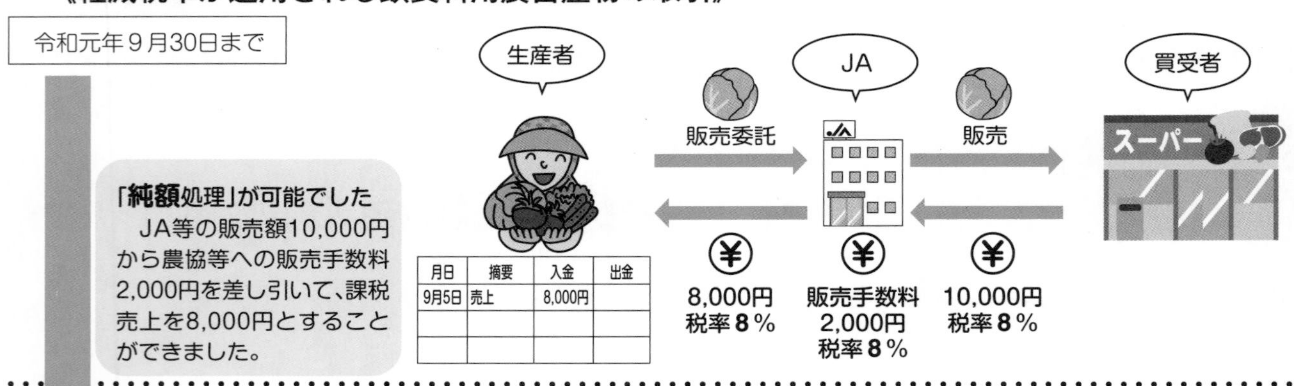

軽減税率制度実施後
（軽減税率通達16の取り扱い）
（令和元年10月１日以降）

「総額処理」が必要となります
JA等の販売額10,000円と農協等への販売手数料2,000円に対する適用税率が異なるため、差し引いて課税売上を8,000円（純額処理）とすることはできません。
このため、**課税売上を10,000円（税率8%）、課税仕入を2,000円（税率10%）としなければなりません。**

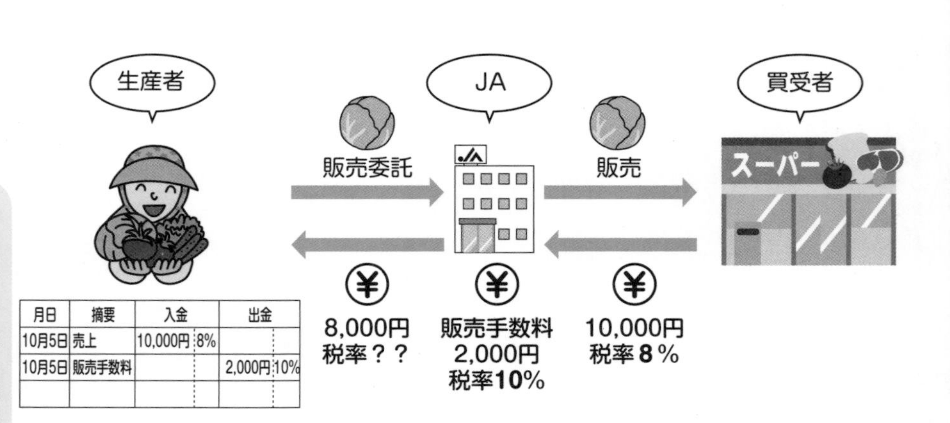

〈ここがポイント〉

Q　飲食料用農畜産物（軽減税率適用）と花き・飼料作物・生体動物等農畜産物（標準税率適用）の両方をJA等に委託販売している場合はどうなるの？

A　花き等標準税率適用農畜産物の委託販売は、これまで通り消費税基本通達10-1-12が適用できるため、実売上額から委託販売手数料を控除した額を課税売上げとすることができます（**純額処理**）。

標準税率適用農畜産物の委託販売の「全て」について、純額処理を行う必要があります。

一方、飲食料用農畜産物は委託販売手数料を控除する前の売上額（実売上額）が課税売上げとなります（**総額処理**）。

委託販売手数料は課税仕入れになります。

令和元年10月1日以降	
飲食料用農畜産物 （軽減税率対象） （6.24%）	**飲食料用以外農畜産物** （標準税率対象） （7.8%）
総額 処理	**純額** 処理

(2)「農業課税取引金額計算表（試算用）」作成例（47ページ）

〈ここがポイント〉

・収入と経費の科目ごとに区分経理した合計額を適用税率に分けて記載します。
・JA等への委託販売の場合
軽減税率適用農畜産物（**飲食料用**農畜産物）…**総額**処理
→委託販売手数料控除前の売上金額（実売上額）が課税売上げ（税率6.24%）。
委託販売手数料は荷造運賃手数料として課税仕入れ（税率7.8%）。
標準税率適用農畜産物（**飲食料用**以外農畜産物）…**純額**処理の適用が可能
→委託販売手数料を控除した売上金額が課税売上げ（税率7.8%）。
控除した委託販売手数料は荷造運賃手数料から差し引く。

〈設例／次ページ・青色申告決算書より〉　※すべて税込金額とします。

○販売金額：実売上額
食用米　7,540,000円　　飼料米　400,000円　　イチゴ18,000,000円

○委託販売手数料
食用米　232,500円　　飼料米　16,000円　　イチゴ 2,160,000円

（注１）総額処理する農畜産物は食用米とイチゴ
（実売上額が課税売上げ。委託販売手数料は課税仕入れ）
（注２）純額処理できる農畜産物は飼料米
（400,000円－16,000円＝384,000円が課税売上げ）
委託販売手数料から飼料米分（16,000円）を差し引く

○雑収入
経営安定対策交付金（不課税取引）　6,500,000円
作業受託収入（簡易課税は第４種事業）　1,000,000円
令和元年米精算金（簡易課税は第２種事業）　700,000円

FA3100

令和 03 年分所得税青色申告決算書（農業所得用）

この青色申告決算書は機械で読み取りますので、**黒のボールペンで書いてください。**

住所	○○市△△町5-248	業種名	農業	依頼税理士等	事務所所在地	
フリガナ 氏名	ミズ タ コウ サク 水田耕作	農園名	水田農園		氏名（名称）	
		電話番号	XXXX-21-3579		電話番号	

令和 4 年 2 月 22 日

整理番号

損益計算書（自 1 月 1 日 至 12 月 31 日）

科目		金額（円）
収入金額 販売金額	①	2,594,000
家事消費・事業消費金額	②	104,800
雑収入	③	820,000
小計（①+②+③）	④	3,424,800
農産物の棚卸高 期首	⑤	75,600
農産物の棚卸高 期末	⑥	105,600
計（④−⑤+⑥）	⑦	3,427,800
経費 租税公課	⑧	40,000
種苗費	⑨	65,000
素畜費	⑩	
肥料費	⑪	190,500
飼料費	⑫	
農具費	⑬	63,500
農薬・衛生費	⑭	98,000
諸材料費	⑮	80,000
修繕費	⑯	175,000
動力光熱費	⑰	196,500

科目		金額（円）
経費 作業用衣料費	⑱	15,400
農業共済掛金	⑲	54,000
減価償却費	⑳	380,000
荷造運賃手数料	㉑	240,850
雇人費	㉒	140,000
利子割引料	㉓	12,000
地代・賃借料	㉔	118,000
土地改良費	㉕	20,000
交際費	㉖	30,000
事務通信費	㉗	26,500
	㉘	
	㉙	
雑費	㉚	35,000
小計	㉛	1,980,250
農産物以外の棚卸高 期首	㉜	34,000
農産物以外の棚卸高 期末	㉝	38,000
経費から差し引く果樹牛馬等の育成費用	㉞	
計（㉛+㉜−㉝−㉞）	㉟	1,976,250

科目		金額（円）
差引金額（⑦−㉟）	㊱	1,451,230
各種引当金・準備金等 繰戻額等 貸倒引当金	㊲	
	㊳	
	㊴	
計	㊵	
繰入額等 専従者給与	㊶	812,000
貸倒引当金	㊷	
	㊸	
	㊹	
計	㊺	812,000
青色申告特別控除前の所得金額（㊱+㊵−㊺）	㊻	639,230
青色申告特別控除額	㊼	550,000
所得金額（㊻−㊼）	㊽	584,230
㊽のうち、肉用牛について特例の適用を受ける金額		

●青色申告特別控除については、「決算の手引き」の「青色申告特別控除」の項を読んでください。

●下の欄には、書かないでください。

㊾ Ⓐ Ⓑ

提出用（令和二年分以降用）

提出用 （令和二年分以降用）

FA3125

整理番号

令和 03 年分

氏名（フリガナ）：水田耕作（ミズ タ コウ サク）

Ⓐ 収入金額の内訳（現金主義によっている人は、期首、期末の棚卸高は記入しないでください。）

区分		作付面積（飼育頭羽数）	本年収穫量（生産頭羽数）	農産物の期首棚卸高 数量	農産物の期首棚卸高 金額	販売金額	家事消費事業消費金額	農産物の期末棚卸高 数量	農産物の期末棚卸高 金額
田	食用米	650a	34,000kg	360kg	75,600円	7,540,000円	84,800円	480kg	105,600円
田	飼料米	400	20,400			400,000			
田									
田									
畑									
畑									
畑 果樹									
畑 果樹									
特殊施設	イチゴ	3,000㎡				18,000,000	20,000		
特殊施設									
特殊施設									
農産物計		耕作面積 a			⑤ 75,600				⑥ 105,600
畜産物その他		頭羽	頭羽						
畜産物その他									
畜産物その他									
合計						① 25,940,000	② 104,800		

雑収入 区分	金額
経営安定対策交付金	6,500,000円
作業受託収入	1,000,000
令和元年米精算金	700,000
合計	③ 8,200,000

Ⓑ 農産物以外の棚卸高の内訳（現金主義によっている人は、記入しないでください。）

区分		期首棚卸高 数量	期首棚卸高 金額	期末棚卸高 数量	期末棚卸高 金額
未収穫農産物			円		円
販売用動物					
種苗、飼・肥料、農薬、諸材料	肥料	25	240,000	30	300,000
種苗、飼・肥料、農薬、諸材料	農薬	10	100,000	8	80,000
その他					
合計			㉜ 340,000		㉝ 380,000

Ⓒ 雇人費の内訳

氏名・住所又は作業名	日数	支給額 現金	支給額 現物	支給額 合計	所得税及び復興特別所得税の源泉徴収税額
イチゴ収穫 2人	延150日	1,400,000円	円	1,400,000円	0円
その他（　　人分）					
計				㉒ 1,400,000	0

Ⓓ 専従者給与の内訳

氏名	続柄	年齢	従事月数	支給額 給料	支給額 賞与	支給額 合計	所得税及び復興特別所得税の源泉徴収税額
水田花子	妻	57歳	12月	1,680,000円	620,000円	2,300,000円	51,000円
水田耕一	長男	33	12	2,640,000	880,000	3,520,000	94,600
水田恵子	長男の妻	31	12	1,680,000	620,000	2,300,000	51,000
計		延べ従事月数		6,000,000	2,120,000	㊶ 8,120,000	196600

（注）①、②、③、⑤、⑥、㉒、㉜、㉝、㊶の金額は、それぞれを1ページの①、②、③、⑤、⑥、㉒、㉜、㉝、㊶の欄に移記してください。

農業課税取引金額計算表（試算用）作成例

全国農業会議所作成 2022.1

区分	科目	番号	A 決算額	B Aのうち課税取引にならないもの	C（A－B）課税取引金額	D うち軽減税率6.24%適用分	E うち標準税率7.8%適用分
総収入金額 販売金額	品目						
総収入金額 販売金額（委託販売）	食用米	①	7,540,000		7,540,000	7,540,000	
総収入金額 販売金額（委託販売）	飼料米（※1）	①	384,000		384,000		384,000
総収入金額 販売金額（委託販売）	イチゴ	①	18,000,000		18,000,000	18,000,000	
総収入金額 販売金額（直接販売）		①					
総収入金額 販売金額	小計	①	25,924,000		25,924,000	25,540,000	384,000
総収入金額	家事消費 金額	②	104,800		104,800	104,800	
総収入金額	事業消費 金額	②					
総収入金額 雑収入	経営安定対策交付金	③	6,500,000	6,500,000	0		
総収入金額 雑収入	作業受託収入	③	1,000,000		1,000,000		1,000,000
総収入金額 雑収入	米精算金（R1分）	③	700,000		700,000	700,000	
総収入金額 雑収入	小計	③	8,200,000	6,500,000	1,700,000	700,000	1,000,000
総収入金額	未成熟果樹収入						
総収入金額	小計（①＋②＋③）	④	34,228,800	6,500,000	農業の課税売上高 27,728,800	26,344,800	1,384,000
総収入金額	農産物の棚卸高 期首	⑤	75,600				
総収入金額	農産物の棚卸高 期末	⑥	105,600				
総収入金額	計（④－⑤＋⑥）	⑦	34,258,800				
経費	租税公課	⑧	400,000	400,000	0		
経費	種苗費	⑨	650,000		650,000		650,000
経費	素畜費	⑩					
経費	肥料費	⑪	1,905,000		1,905,000		1,905,000
経費	飼料費	⑫					
経費	農具費	⑬	635,000		635,000		635,000
経費	農薬・衛生費	⑭	980,000		980,000		980,000
経費	諸材料費	⑮	800,000		800,000		800,000
経費	修繕費	⑯	1,750,000		1,750,000		1,750,000
経費	動力光熱費	⑰	1,965,000		1,965,000		1,965,000
経費	作業用衣料費	⑱	154,000		154,000		154,000
経費	農業共済掛金	⑲	540,000	540,000			
経費	減価償却費	⑳	3,800,000	3,800,000			
経費	荷造運賃手数料（※2）	㉑	2,392,500		2,392,500		2,392,500
経費	雇人費	㉒	1,400,000	1,400,000	0		
経費	利子割引料	㉓	120,000	120,000			
経費	地代・賃借料	㉔	1,180,000	1,180,000	0		
経費	土地改良費	㉕	200,000		200,000		200,000
経費	交際費	㉖	300,000		300,000		300,000
経費	事務通信費	㉗	265,000		265,000		265,000
経費		㉘					
経費		㉙					
経費	雑費	㉚	350,000		350,000		350,000
経費	小計	㉛	19,786,500	7,440,000	農業の課税仕入高 12,346,500		12,346,500
経費	農産物以外の棚卸高 期首	㉜	340,000				
経費	農産物以外の棚卸高 期末	㉝	380,000				
経費	経費から差し引く果樹牛馬等の育成費用	㉞					
経費	計（㉛＋㉜－㉝－㉞）	㉟	19,746,500				
差引金額		㊱	14,512,300				

（注）※1　飼料米の課税取引金額は純額処理　販売金額400,000－委託販売手数料16,000＝384,000
※2　荷造運賃手数料の課税取引金額は、飼料米を純額処理したことにより次のとおり。
荷造運賃手数料決算書2,408,500－飼料米手数料16,000＝2,392,500

表イ－1

課 税 取 引 金 額 計 算 表

（令和　　年分）　　　　　　　　　　　　　　　　　　　　　　　（事業所得用）

科目			決　算　額 A	Aのうち課税取引にならないもの（※1） B	課税取引金額（A－B） C	うち軽減税率6.24％適用分 D	うち標準税率7.8％適用分 E
売上（収入）金額（雑収入を含む）		①	円	円	円	円	円
売上原価	期首商品棚卸高	②					
	仕入金額	③					
	小計	④					
	期末商品棚卸高	⑤					
	差引原価	⑥					
差引金額		⑦					
経費	租税公課	⑧					
	荷造運賃	⑨					
	水道光熱費	⑩					
	旅費交通費	⑪					
	通信費	⑫					
	広告宣伝費	⑬					
	接待交際費	⑭					
	損害保険料	⑮					
	修繕費	⑯					
	消耗品費	⑰					
	減価償却費	⑱					
	福利厚生費	⑲					
	給料賃金	⑳					
	外注工賃	㉑					
	利子割引料	㉒					
	地代家賃	㉓					
	貸倒金	㉔					
		㉕					
		㉖					
		㉗					
		㉘					
		㉙					
		㉚					
	雑費	㉛					
	計	㉜					
差引金額		㉝					
③＋㉜		㉞					

太枠の箇所は課税売上高計算表及び課税仕入高計算表へ転記します。

※1　B欄には、非課税取引、輸出取引等、不課税取引を記入します。
　　また、売上原価・経費に特定課税仕入れに係る支払対価の額が含まれている場合には、その金額もB欄に記入します。

※2　斜線がある欄は、一般的な取引において該当しない項目です。

表イー２

課税取引金額計算表

（令和　　年分）　　　　　　　　　　　　　　　　　　　　　　　　　　　　　　　（農業所得用）

科目			決算額 A	Aのうち課税取引にならないもの（※1） B	課税取引金額（A－B） C	うち軽減税率6.24％適用分 D	うち標準税率7.8％適用分 E
収入金額	販売金額	①	円	円	円	円	円
	家事消費 金額	②					
	事業消費 金額	②					
	雑収入	③					
	未成熟果樹収入						
	小計	④					
	農産物の棚卸高 期首	⑤					
	農産物の棚卸高 期末	⑥					
	計	⑦					
経費	租税公課	⑧					
	種苗費	⑨					
	素畜費	⑩					
	肥料費	⑪					
	飼料費	⑫					
	農具費	⑬					
	農薬・衛生費	⑭					
	諸材料費	⑮					
	修繕費	⑯					
	動力光熱費	⑰					
	作業用衣料費	⑱					
	農業共済掛金	⑲					
	減価償却費	⑳					
	荷造運賃手数料	㉑					
	雇人費	㉒					
	利子割引料	㉓					
	地代・賃借料	㉔					
	土地改良費	㉕					
	貸倒金	㉖					
		㉗					
		㉘					
		㉙					
	雑費	㉚					
	小計	㉛					
	農産物以外の棚卸高 期首	㉜					
	農産物以外の棚卸高 期末	㉝					
	経費から差し引く果樹牛馬等の育成費用	㉞					
	計	㉟					
差引金額		㊱					

太枠の箇所は課税売上高計算表及び課税仕入高計算表へ転記します。

※１　B欄には、非課税取引、輸出取引等、不課税取引を記入します。
　　また、経費に特定課税仕入れに係る支払対価の額が含まれている場合には、その金額もB欄に記入します。

※２　斜線がある欄は、一般的な取引において該当しない項目です。

表イー3

課税取引金額計算表

（令和　　年分）　　　　　　　　　　　　　　　　　　　　（不動産所得用）

科目			決算額 A	Aのうち課税取引にならないもの（※1） B	課税取引金額（A－B） C	うち軽減税率6.24％適用分 D	うち標準税率7.8％適用分 E
収入金額	賃貸料	①	円	円	円	円	円
	礼金・権利金 更新料	②					
		③					
	計	④					
経費	租税公課	⑤					
	損害保険料	⑥					
	修繕費	⑦					
	減価償却費	⑧					
	借入金利子	⑨					
	地代家賃	⑩					
	給料賃金	⑪					
		⑫					
	その他の経費	⑬					
	計	⑭					
差引金額		⑮					

太枠の箇所は課税売上高計算表及び課税仕入高計算表へ転記します。

※1　B欄には、非課税取引、輸出取引等、不課税取引を記入します。
　　また、経費に特定課税仕入れに係る支払対価の額が含まれている場合には、その金額もB欄に記入します。
※2　斜線がある欄は、一般的な取引において該当しない項目です。

農業課税取引金額計算表（試算用）

全国農業会議所作成 2022.1

科目			番号	A 決算額	B Aのうち課税取引にならないもの	C（A－B） 課税取引金額	D うち軽減税率6.24%適用分	E うち標準税率7.8%適用分
総収入金額	販売金額	品目						
		（委託販売）	①					
		（直接販売）						
		小計						
	家事消費	金額	②					
	事業消費							
	雑収入		③					
		小計						
	未成熟果樹収入							
	小計（①＋②＋③）		④			農業の課税売上高		
	農産物の棚卸高	期首	⑤					
		期末	⑥					
	計（④－⑤＋⑥）		⑦					
経費	租税公課		⑧					
	種苗費		⑨					
	素畜費		⑩					
	肥料費		⑪					
	飼料費		⑫					
	農具費		⑬					
	農薬・衛生費		⑭					
	諸材料費		⑮					
	修繕費		⑯					
	動力光熱費		⑰					
	作業用衣料費		⑱					
	農業共済掛金		⑲					
	減価償却費		⑳					
	荷造運賃手数料（※2）		㉑					
	雇人費		㉒					
	利子割引料		㉓					
	地代・賃借料		㉔					
	土地改良費		㉕					
			㉖					
			㉗					
			㉘					
			㉙					
	雑費		㉚					
	小計		㉛			農業の課税仕入高		
	農産物以外の棚卸高	期首	㉜					
		期末	㉝					
	経費から差し引く果樹牛馬等の育成費用		㉞					
	計（㉛＋㉜－㉝－㉞）		㉟					
差引金額			㊱					

2 消費税の確定申告書等の作成例（国税庁 HP・確定申告書等作成コーナーを利用して）

ここでは、「1 農業課税取引金額計算表（試算用）の作成」での設例に基づき、水田耕作（水田農園）を例に、国税庁がホームページ上で提供している「確定申告書等作成コーナー」を利用して、一般課税による場合と簡易課税による場合の別に、消費税の確定申告書等の作成についてみていきます。

※ 入力作業の途中、および終了後のデータ等の保存については説明を省略します。

① 農業所得に関する収入と経費の内訳は、47ページの農業課税取引金額計算表（試算用）作成例で示したとおりで、経理方式は「税込経理方式」を採用しています。
② 令和３年９月に軽トラックを買換えました（下取り価格280,000円、購入価格920,000円）。なお、農業以外の事業所得や不動産所得はありません。
③ 令和元年９月30日以前の旧税率（6.3%）が適用される取引はありません。
④ 基準期間（平成31・令和元年分）の課税売上高は18,246,500円でした。また、令和２年分及び令和４年分も課税事業者です。
⑤ 売上げや仕入れに係る返品・値引き・割戻しなどは、売上金額や仕入金額から直接減額しています。
⑥ 調整対象固定資産※はありません。
⑦ 貸倒れや債権の回収はありません。
⑧ 中間納付・申告はしていません。

※ 調整対象固定資産とは、建物（附属設備を含む）、機械装置、車両運搬具、生物、工具、備品等のいわゆる事業用固定資産で、一取引単位の仕入れ価額（税抜き）が100万円以上のものをいいます。
消費税では、これら固定資産の仕入れに係る消費税額について、購入時の課税期間において控除することとしています。
しかしながら、固定資産のように長期間にわたって使用されるものについては、購入時の状況のみで税額控除を完結させることは適当でないことから、仕入れから３年（または３課税期間）の間に当該資産の用途変更や課税売上割合（課税期間中の非課税分を含めた売上げ総額に占める課税売上げの割合）の著しい変動があった場合には、仕入控除税額について所定の調整を行います（調整内容の詳細は所轄の税務署にお尋ねください）。

（1）操作の流れ

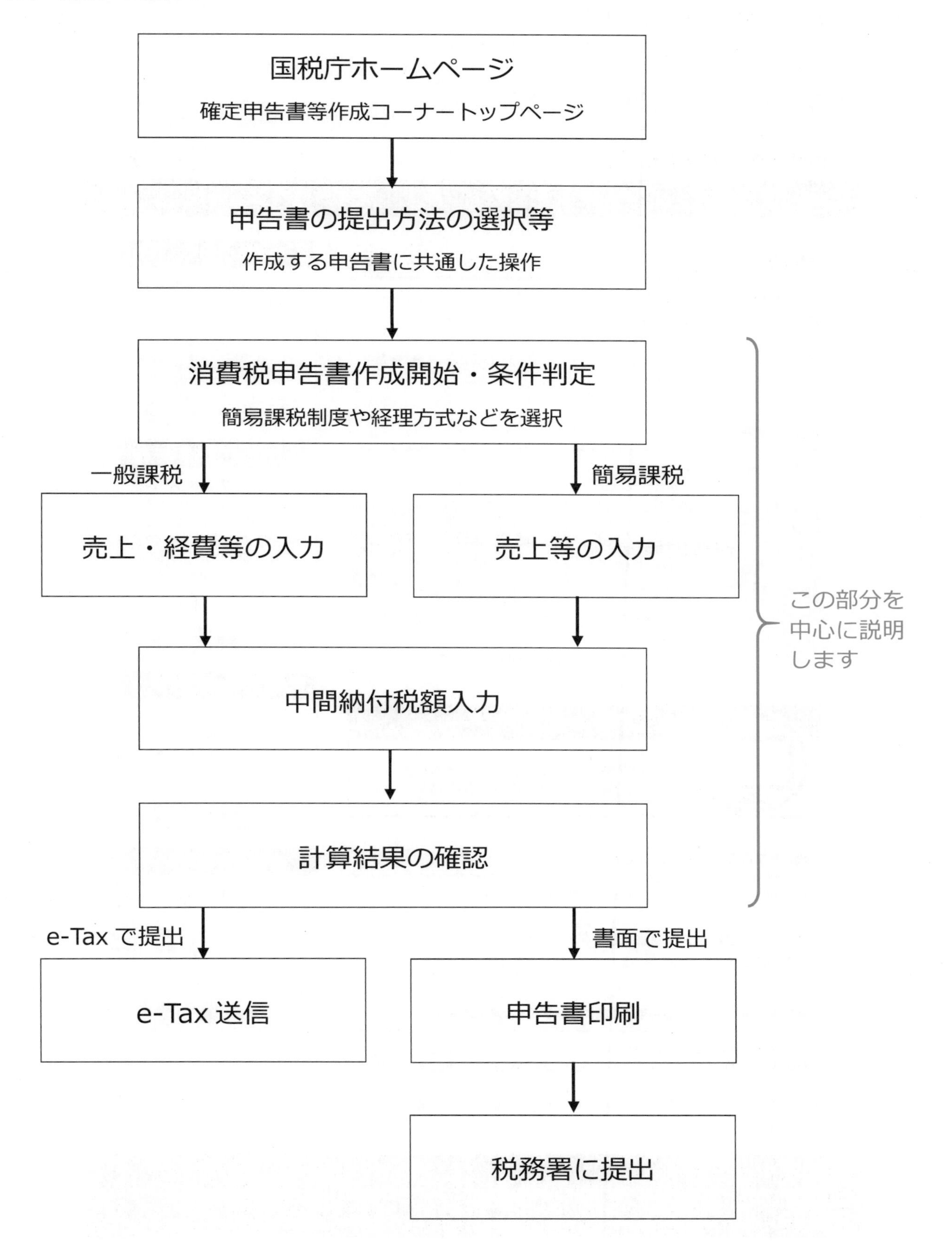
国税庁ホームページ
確定申告書等作成コーナートップページ
申告書の提出方法の選択等
作成する申告書に共通した操作
消費税申告書作成開始・条件判定
簡易課税制度や経理方式などを選択
一般課税
簡易課税
売上・経費等の入力
売上等の入力
この部分を
中心に説明
します
中間納付税額入力
計算結果の確認
e-Tax で提出
書面で提出
e-Tax 送信
申告書印刷
税務署に提出

これ以降、国税庁の確定申告書等作成コーナーの入力操作画面に基づき説明していきますが、ここでは「令和３年分申告用」の画面を使用しています。

（2）トップページから条件判定まで

国税庁 確定申告書等作成コーナー　　ご利用ガイド　よくある質問　よくある質問を検索

作成コーナートップ

お知らせ　一覧

2022/04/20　Internet Explorer 11及びWindows8.1のサポート終了に伴う対応について

2022/02/03　新型コロナウイルス感染症の影響により申告期限までの申告等が困難な方へ（国税庁ホームページへ）

2022/01/20　【ご留意】スマホでマイナンバーカードをうまく読み取れないときの確認事項を掲載しました

申告書等を作成する

作成前にご利用ガイドをご覧ください。

- 新規に申告書や決算書・収支内訳書を作成

- 途中で保存したデータ（拡張子が［.data］）を読み込んで、作成を再開
- 過去の申告書データを利用して作成

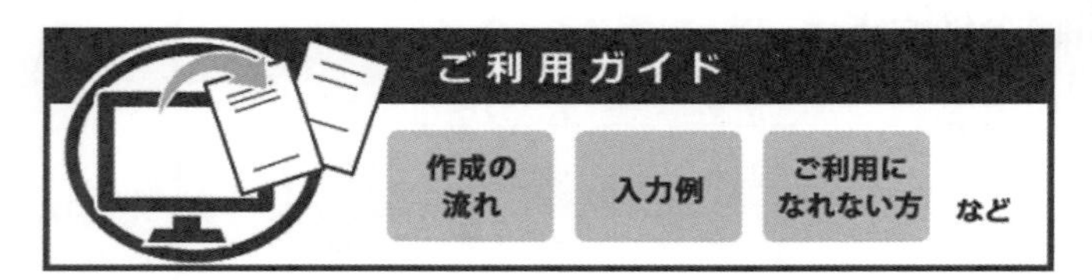

提出した申告書に誤りがあった場合

令和３年分以前の申告書に誤りがあった場合は、更正の請求書、修正申告書の提出を行ってください。

→ 新規に更正の請求書・修正申告書を作成する

→ 更正の請求書・修正申告書の作成を再開する

適格請求書発行事業者の登録申請手続について（インボイス制度）

令和５年10月１日から「適格請求書等保存方式（インボイス制度）」が始まります。
適格請求書（インボイス）を交付するためには、適格請求書発行事業者として登録を受ける必要があります。
インボイス制度に関する詳しい内容については、「インボイス制度特設サイト」をご覧ください。

集計用ファイルのダウンロード

支払った医療費の内容や受け取った配当等の内容を表計算ソフトで入力することができます。

医療費集計フォーム

配当集計フォーム

メッセージボックスの確認

e-Taxの受付結果の確認や送信したデータのダウンロードができます。ご利用にはマイナンバーカードとマイナンバーカード読取対応のスマートフォン（又はICカードリーダライタ）が必要です（納税手続きなどの一部機能を除きます。）。

確認する

送信した申告書の内容の確認

メッセージボックスからダウンロードしたデータ（拡張子が［.xtx］）を読み込むと、申告の内容を確認することができます。

確認する

ID・パスワード方式の届出

ID・パスワード方式の届出を行うことができます。
ご利用にはマイナンバーカードとICカードリーダライタが必要です。

届出を行う

関連リンク

確定申告特集ページ　国税庁ホームページ　タックスアンサー（よくある税の質問）　税務署所在地・電話番号　Web-TAX-TV（インターネット番組）

お問い合わせ　ご意見・ご感想　個人情報保護方針　利用規約　推奨環境　Copyright (c) 2022 NATIONAL TAX AGENCY All Rights Reserved.

国税庁ホームページの「確定申告書等作成コーナー」のトップページです。

［作成開始］をクリックします。

国税庁
令和３年分　**確定申告書等作成コーナー**　ご利用ガイド　よくある質問　よくある質問を検索

税務署への提出方法の選択

トップ画面 ＞ **事前確認** ＞ 申告書等の作成 ＞ 申告書等の送信・印刷 ＞ 終了

税務署への提出方法を選択してください。

マイナンバーカード方式（2次元バーコード）

パソコンに表示される2次元バーコードをスマートフォンで読み取る方法です。 NEW

- マイナンバーカードとマイナンバーカード読取対応のスマートフォンを利用してe-Taxができます。
- **ICカードリーダライタは不要です。**
- **事前準備はアプリのインストールのみです。**

スマートフォンの対応機種はこちらから確認

マイナンバーカード方式（ICカードリーダライタ）

- マイナンバーカードとICカードリーダライタを利用してe-Taxができます。
- 後の画面で、e-Taxを行うためにパソコンへの設定を行う必要があります。

ICカードリーダライタの対応機種はこちらから確認

ID・パスワード方式

- 税務署で発行されたID・パスワード方式の届出完了通知を利用してe-Taxができます。申告書の控えと一緒に保管していないかご確認ください。
- マイナンバーカード、マイナンバーカード読取対応のスマートフォン（又はICカードリーダライタ）は不要です。

印刷して提出

- 作成した申告書を印刷し、郵送等により提出します。

マイナンバーカード方式とID・パスワード方式の詳細はこちら

税理士の方が代理送信を行う場合はこちら

戻る

お問い合わせ　個人情報保護方針　利用規約　推奨環境　

消費税及び地方消費税の申告を税務署に提出する方法を選択します。

ここでは、「印刷して提出」を選択することとします。

この後、「申告書等印刷を行う前の確認」画面にしたがって操作を行い、「作成する申告書等の選択」画面まで進みます。

「令和３年分の申告書等の作成」を選び、消費税 をクリックします。

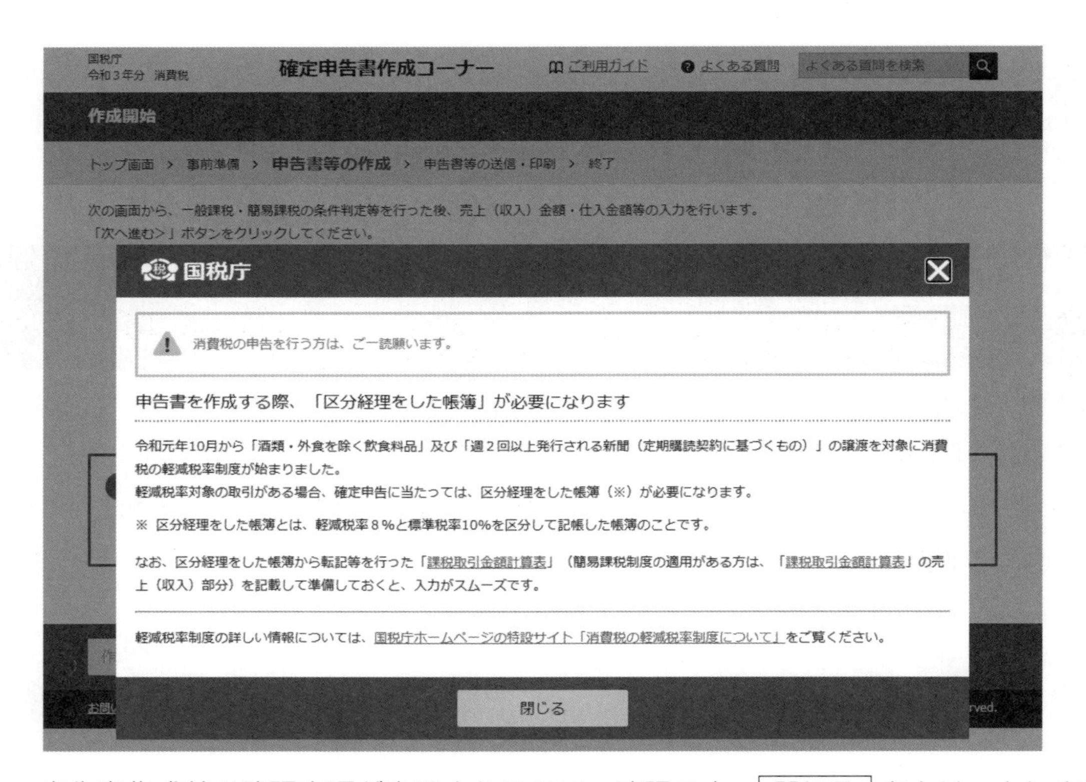

申告書作成前の確認事項が表示されるので、確認の上、閉じる をクリックします。

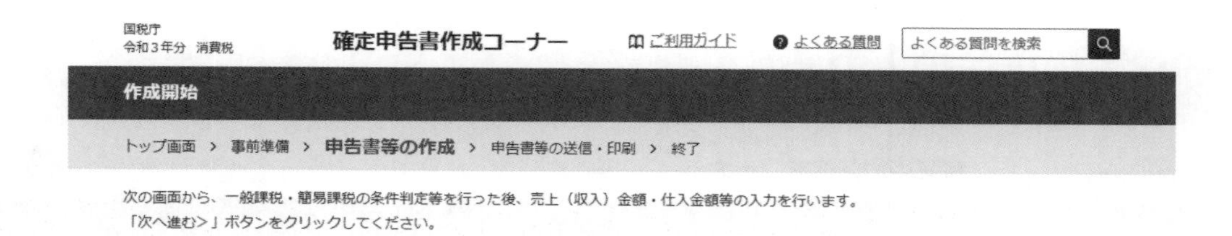

次の画面から、一般課税・簡易課税の条件判定等を行った後、売上（収入）金額・仕入金額等の入力を行います。
「次へ進む＞」ボタンをクリックしてください。

次へ進む ＞

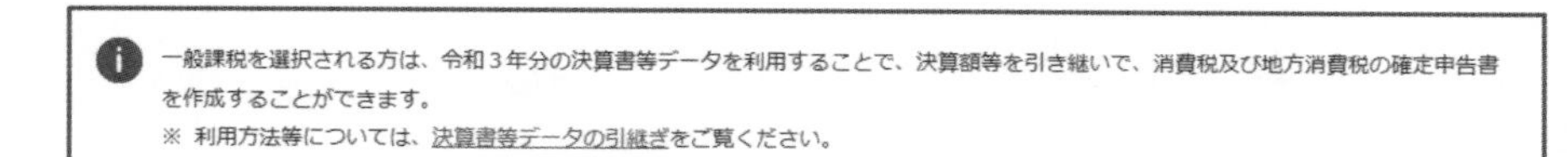

消費税及び地方消費税の申告書の作成を開始します。

ここでは、すでに作成した「農業課税取引金額計算表（試算用）」（47ページ）の記載内容をもとに入力を進めるので、「決算書等データの引継ぎ」には該当しません。

次へ進む をクリックすると「一般課税・簡易課税の条件判定等」画面が表示されます。

国税庁
令和３年分　消費税
確定申告書作成コーナー　ご利用ガイド　よくある質問　よくある質問を検索

一般課税・簡易課税の条件判定等

トップ画面 ＞ 事前準備 ＞ 申告書等の作成 ＞ 申告書等の送信・印刷 ＞ 終了

条件判定等

災害（地震、風水害、雪害等）により被害を受けた方は、消費税法の特例を受けられる場合がありますので、こちらをご覧ください。

基準期間（平成31年１月１日から令和元年12月31日まで）の課税売上高を入力してください。 必須

基準期間の課税売上高とは

円

簡易課税制度を選択していますか？ 必須

簡易課税制度とは

はい　いいえ

経理方式を選択してください。 必須

所得税の決算額の調整についてはこちら

税込経理　税抜経理

割賦基準等の特別な売上基準の適用をする方は下のボタンをクリックしてください。

「特別な売上計上基準」とは割賦基準のほか延払基準等や工事進行基準、現金主義会計をいいます。

特別な売上計上基準を適用する

(3) 一般課税の場合の入力

質問に回答します。52ページの前提条件に従い、「基準期間の課税売上高」は18,246,500円を入力、「経理方式」は税込経理を選択します。また、「簡易課税制度を選択していますか？」の回答（ここでは、「いいえ」を選択）により、軽減税率に関する質問が表示されるので、軽減税率対象の取引があり、かつ、すべての取引について区分経理していると回答します。

全ての質問に回答したら、次へ進む をクリックします。

該当する所得区分を選択します。

例では、「事業所得（農業）がある」を選択するとともに、令和３年９月に軽トラックを買換えた（下取りと購入）ことから、「業務用固定資産等の譲渡所得がある」と「（同）購入がある」を併せて選択します。

農業所得の売上げと経費、および業務用固定資産の購入について、旧税率（6.3%）適用分の有無を尋ねてくるので、ここでは「いいえ」を選択し、次へ進む をクリックします。

国税庁
令和３年分 消費税　書面提出　**確定申告書作成コーナー**　ご利用ガイド　よくある質問　よくある質問を検索

売上（収入）金額・仕入金額等の入力　一般課税　税込

トップ画面 ＞ 事前準備 ＞ **申告書等の作成** ＞ 申告書等の送信・印刷 ＞ 終了

所得区分ごとに売上（収入）金額・仕入金額等の入力を行ってください。

所得区分	売上（収入）金額・仕入金額等
事業所得（農業）	入力する
業務用固定資産等の譲渡所得	入力する
業務用固定資産等の購入	入力する

前に戻る　データを保存して中断　次へ進む

お問い合わせ　個人情報保護方針　利用規約　推奨環境　Copyright (c) 2022 NATIONAL TAX AGENCY All Rights Reserved.

選択した所得区分ごとに 入力する が表示されるので、所得区分ごとに入力を行います。

はじめに、事業所得（農業）について 入力する をクリックします。

「農業課税取引金額計算表（試算用）」（47ページ参照）をもとに、区分された売上金額などを入力します。

農業課税取引金額計算表（試算用）作成例

全国農業会議所作成 2022.1

区分	科目	番号	A 決算額	B Aのうち課税取引にならないもの	C（A－B）課税取引金額	D うち軽減税率6.24%適用分	E うち標準税率7.8%適用分
総収入金額 販売金額	品目						
（委託販売）	食用米	①	7,540,000		7,540,000	7,540,000	
	飼料米（※1）	①	384,000		384,000		384,000
	イチゴ	①	18,000,000		18,000,000	18,000,000	
（直接販売）		①					
	小計	①	25,924,000		25,924,000	25,540,000	384,000
家事消費 金額		②	104,800		104,800	104,800	
事業消費 金額		②					
雑収入	経営安定対策交付金	③	6,500,000	6,500,000	0		
	作業受託収入	③	1,000,000		1,000,000		1,000,000
	米精算金（R1分）	③	700,000		700,000	700,000	
	小計	③	8,200,000	6,500,000	1,700,000	700,000	1,000,000
未成熟果樹収入							
小計（①＋②＋③）		④	34,228,800	6,500,000	農業の課税売上高 27,728,800	26,344,800	1,384,000
農産物の棚卸高	期首	⑤	75,600				
	期末	⑥	105,600				
計（④－⑤＋⑥）		⑦	34,258,800				

国税庁
令和３年分　消費税　書面提出　**確定申告書作成コーナー**　ご利用ガイド　よくある質問　よくある質問を検索

事業所得（農業）の収入金額等の入力

一般課税　税込

トップ画面 > 事前準備 > **申告書等の作成** > 申告書等の送信・印刷 > 終了

収入金額・免税取引・非課税取引等の金額の入力

収入金額の中に、免税、非課税、非課税資産の輸出等又は不課税に係るものが含まれている場合は、その金額も入力してください。

	販売金額	家事消費	事業消費	未成熟果樹収入	雑収入
収入金額 必須	25,924,000円	104,800円	円	円	8,200,000円
うち免税取引	円		円		円
うち非課税取引	円		円		円
うち非課税資産の輸出等	円		円		円
うち不課税取引	円		円		6,500,000円
うち課税取引	25,924,000円	104,800円	円	円	1,700,000円

課税取引金額の内訳の入力 必須

課税取引金額のうち、税率6.24%（軽減税率）適用分の金額を入力してください。
「うち税率6.24%（軽減税率）適用分」がない場合は「０」を入力してください。

	販売金額	家事消費	事業消費	未成熟果樹収入	雑収入
課税取引金額	25,924,000円	104,800円	円	円	1,700,000円
うち税率6.24%（軽減税率）適用分	25,540,000円	104,800円	円	円	700,000円
うち税率7.8%適用分	384,000円	0円	円	円	1,000,000円

売上げに係る対価の返還等の金額の入力

令和３年１月１日から令和３年12月31日の間で、収入金額から直接減額していない売上げに係る対価の返還等の金額がありますか？ 必須

売上げに係る対価の返還等とは

はい　いいえ

前に戻る　次へ進む

お問い合わせ　個人情報保護方針　利用規約　推奨環境　Copyright (c) 2022 NATIONAL TAX AGENCY All Rights Reserved.

入力が終了したら、 次へ進む をクリックします。

同様に、区分された経費などの決算額を「農業課税取引金額計算表（試算用）」をもとに入力します。

売上金額欄には、先ほど入力した内容が表示されています（農産物の棚卸高についてはここで入力します）。

農業課税取引金額計算表（試算用）作成例

全国農業会議所作成 2022.1

科目		A 決算額	B Aのうち課税取引にならないもの	C（A−B）課税取引金額	D うち軽減税率6.24%適用分	E うち標準税率7.8%適用分
品目						
食用米		7,540,000		7,540,000	7,540,000	
飼料米（※1）		384,000		384,000		384,000
小計		8,200,000	6,500,000	1,700,000	700,000	1,000,000
未成熟果樹収入						
小計（①+②+③）	④	34,228,800	6,500,000	農業の課税売上高 27,728,800	26,344,800	1,384,000
農産物の棚卸高 期首	⑤	75,600				
農産物の棚卸高 期末	⑥	105,600				
計（④−⑤+⑥）	⑦	34,258,800				
経費 租税公課	⑧	400,000	400,000	0		
種苗費	⑨	650,000		650,000		650,000
素畜費	⑩					
肥料費	⑪	1,905,000		1,905,000		1,905,000
飼料費	⑫					
農具費	⑬	635,000		635,000		635,000
農薬・衛生費	⑭	980,000		980,000		980,000
諸材料費	⑮	800,000		800,000		800,000
修繕費	⑯	1,750,000		1,750,000		1,750,000
動力光熱費	⑰	1,965,000		1,965,000		1,965,000
作業用衣料費	⑱	154,000		154,000		154,000
農業共済掛金	⑲	540,000	540,000			
減価償却費	⑳	3,800,000	3,800,000			
荷造運賃手数料（※2）	㉑	2,392,500		2,392,500		2,392,500
雇人費	㉒	1,400,000	1,400,000	0		
利子割引料	㉓	120,000	120,000			
地代・賃借料	㉔	1,180,000	1,180,000	0		
土地改良費	㉕	200,000		200,000		200,000
交際費	㉖	300,000		300,000		300,000
事務通信費	㉗	265,000		265,000		265,000
	㉘					
	㉙					
雑費	㉚	350,000		350,000		350,000
小計	㉛	19,786,500	7,440,000	農業の課税仕入高 12,346,500		12,346,500
農産物以外の棚卸高 期首	㉜	340,000				
農産物以外の棚卸高 期末	㉝	380,000				
経費から差し引く果樹牛馬等の育成費用	㉞					
計（㉛+㉜−㉝−㉞）	㉟	19,746,500				
差引金額	㊱	14,512,300				

（注）※1　飼料米の課税取引金額は純額処理　販売金額400,000−委託販売手数料16,000=384,000

※2　荷造運賃手数料の課税取引金額は、飼料米を純額処理したことにより次のとおり。
荷造運賃手数料決算書2,408,500−飼料米手数料16,000=2,392,500

国税庁
令和３年分 消費税 書面提出 **確定申告書作成コーナー** ご利用ガイド よくある質問 よくある質問を検索

決算額・課税取引金額の内訳等の入力（事業所得（農業）） 一般課税 税込

トップ画面 › 事前準備 › **申告書等の作成** › 申告書等の送信・印刷 › 終了

事業所得（農業）に係る決算額（税込）等の入力

事業所得（農業）に係る決算額（税込）及び決算額のうち課税取引にならないものがある場合はその金額を入力の上、うち税率6.24%（軽減税率）適用分について金額を入力してください。

課税取引にならないものとは

「課税取引金額」に金額がある科目で、「うち税率6.24%（軽減税率）適用分」がない場合は、「0」を入力してください。

		科目	決算額 A	うち課税取引にならないもの B	課税取引金額 C（A-B）	うち税率6.24%（軽減税率）適用分 D	うち税率7.8%適用分 E
収入金額	(1)	販売金額	25,924,000円	円	25,924,000円	25,540,000円	384,000円
	(2)	家事消費 金額	104,800円		104,800円	104,800円	0円
		事業消費 金額	円	円	円	円	円
	(3)	雑収入	8,200,000円	6,500,000円	1,700,000円	700,000円	1,000,000円
		未成熟果樹収入			円	円	円
	(4)	小計	34,228,800円	6,500,000円	27,728,800円	26,344,800円	1,384,000円
	(5)	農産物の棚卸高 期首	75,600円				
	(6)	農産物の棚卸高 期末	105,600円				
	(7)	計	34,258,800円				
経費	(8)	租税公課	400,000円	400,000円	0円		0円
	(9)	種苗費	650,000円	円	650,000円	0円	650,000円
	(10)	素畜費	円	円	円		円
	(11)	肥料費	1,905,000円	円	1,905,000円	0円	1,905,000円
	(12)	飼料費	円	円	円	円	円
	(13)	農具費	635,000円		635,000円		635,000円
	(14)	農薬・衛生費	980,000円		980,000円		980,000円
	(15)	諸材料費	800,000円		800,000円		800,000円
	(16)	修繕費	1,750,000円		1,750,000円		1,750,000円
	(17)	動力光熱費	1,965,000円	円	1,965,000円		1,965,000円
	(18)	作業用衣料費	154,000円		154,000円		154,000円
	(19)	農業共済掛金	540,000円	540,000円			
	(20)	減価償却費	3,800,000円	3,800,000円			
	(21)	荷造運賃手数料	2,392,500円	円	2,392,500円		2,392,500円
	(22)	雇人費	1,400,000円	1,400,000円	0円		0円
	(23)	利子割引料	120,000円	120,000円			
	(24)	地代・賃借料	1,180,000円	1,180,000円	0円		0円
	(25)	土地改良費	200,000円	円	200,000円		200,000円
	(26)	貸倒金	円	円			
	(27)	交際費	300,000円	円	300,000円	0円	300,000円
	(28)	事務通信費	265,000円	円	265,000円	0円	265,000円
	(29)	・・・	0円	円	0円	0円	0円
	(30)	雑費	350,000円	円	350,000円	0円	350,000円
	(31)	小計	19,786,500円	7,440,000円	12,346,500円	0円	12,346,500円
	(32)	農産物以外の棚卸高 期首	340,000円				
	(33)	農産物以外の棚卸高 期末	380,000円				
	(34)	経費から差し引く果樹牛馬等の育成費用	円				
	(35)	計	19,746,500円				
	(36)	差引金額	14,512,300円				

発生した貸倒金の金額の入力
令和３年１月１日から令和３年12月31日の間で発生した貸倒金はありますか？ 必須
はい
いいえ
回収した貸倒金の金額の入力
令和３年１月１日から令和３年12月31日の間で回収した貸倒金はありますか？ 必須
はい
いいえ
保税地域からの引き取り貨物に係る金額の入力
令和３年１月１日から令和３年12月31日の間で、保税地域から引き取った課税貨物に係る金額はありますか？ 必須
保税地域から引き取った課税貨物とは
はい
いいえ
課税仕入れに係る対価の返還等の金額の入力
令和３年１月１日から令和３年12月31日の間で、課税仕入金額から直接減額していない課税仕入れに係る対価の返還等の金額はありますか？ 必須
課税仕入れに係る対価の返還等とは
はい
いいえ
令和３年１月１日から令和３年12月31日の間に課税事業者となった方の棚卸高の調整の入力
「農産物の棚卸高（期首）」又は「農産物以外の棚卸高（期首）」があり、令和２年分は免税事業者でしたか？ 必須
はい
いいえ
令和４年分に免税事業者となる方の棚卸高の調整の入力
「農産物の棚卸高（期末）」又は「農産物以外の棚卸高（期末）」があり、令和４年分に免税事業者となりますか？ 必須
はい
いいえ
前に戻る
次へ進む
お問い合わせ
個人情報保護方針
利用規約
推奨環境
Copyright (c) 2022 NATIONAL TAX AGENCY All Rights Reserved.

また、貸倒金などの質問に回答し、入力が終了したら、次へ進む をクリックします。

国税庁
令和３年分　消費税　書面提出　**確定申告書作成コーナー**　ご利用ガイド　よくある質問　よくある質問を検索

売上（収入）金額・仕入金額等の入力　一般課税　税込

トップ画面 ＞ 事前準備 ＞ **申告書等の作成** ＞ 申告書等の送信・印刷 ＞ 終了

所得区分ごとに売上（収入）金額・仕入金額等の入力を行ってください。

	所得区分	売上（収入）金額・仕入金額等
✓	事業所得（農業）	訂正・内容確認
	業務用固定資産等の譲渡所得	入力する
	業務用固定資産等の購入	入力する

前に戻る　データを保存して中断　次へ進む

お問い合わせ　個人情報保護方針　利用規約　推奨環境　Copyright (c) 2022 NATIONAL TAX AGENCY All Rights Reserved.

「売上（収入）金額・仕入金額等の入力」画面に戻ります。

入力した内容を確認したり訂正するには、訂正・内容確認 をクリックします。

続いて、「業務用固定資産等の譲渡所得」と「業務用固定資産等の購入」に、軽トラックの下取り価格と購入価格をそれぞれ入力します。

国税庁
令和３年分　消費税　書面提出　**確定申告書作成コーナー**　ご利用ガイド　よくある質問　よくある質問を検索

業務用固定資産等の譲渡所得の収入金額等の入力　一般課税　税込

トップ画面 ＞ 事前準備 ＞ **申告書等の作成** ＞ 申告書等の送信・印刷 ＞ 終了

収入金額・免税取引・非課税取引等の金額の入力

収入金額の中に、免税、非課税、非課税資産の輸出等又は不課税に係るものが含まれている場合は、その金額も入力してください。

収入金額 必須	280,000 円
うち免税取引	円
うち非課税取引	円
うち非課税資産の輸出等	円
うち不課税取引	円
うち課税取引	280,000 円

売上げに係る対価の返還等の金額の入力

令和３年１月１日から令和３年12月31日の間で、収入金額から直接減額していない売上げに係る対価の返還等の金額がありますか？ 必須

売上げに係る対価の返還等とは

はい　いいえ

前に戻る　次へ進む

お問い合わせ　個人情報保護方針　利用規約　推奨環境　Copyright (c) 2022 NATIONAL TAX AGENCY All Rights Reserved.

所得区分の選択欄をクリックすると、「事業所得（農業）」と表示されるのでこれを選び、取得価額等の必要な入力が終了したら、次へ進む をクリックします。

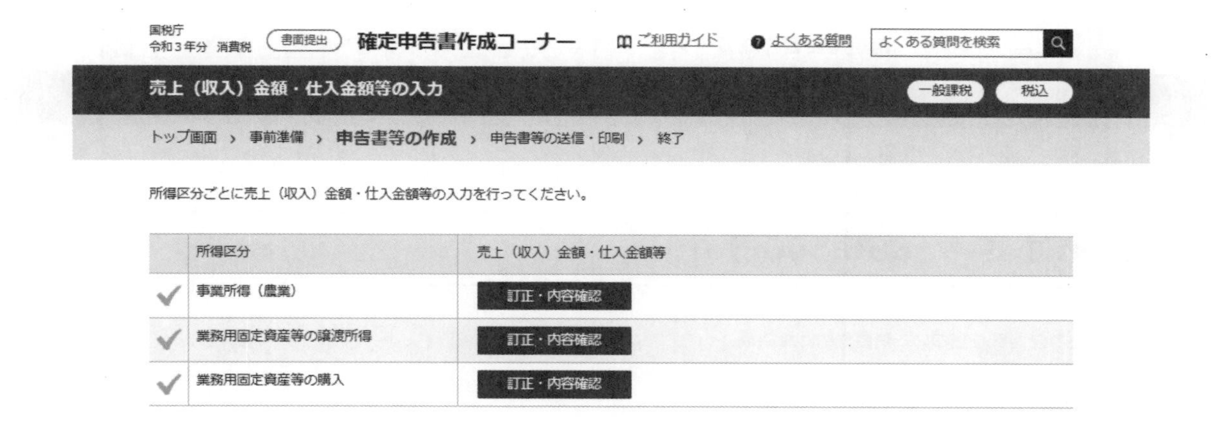

前に戻る　データを保存して中断　次へ進む

お問い合わせ　個人情報保護方針　利用規約　推奨環境　Copyright (c) 2022 NATIONAL TAX AGENCY All Rights Reserved.

「売上（収入）金額・仕入金額等の入力」画面に戻ります。

これまで入力した内容について確認や訂正の必要がなければ、次へ進む をクリックします。

国税庁
令和３年分 消費税　書面提出　確定申告書作成コーナー　ご利用ガイド　よくある質問　よくある質問を検索

中間納付税額等の入力　一般課税　税込

トップ画面 › 事前準備 › 申告書等の作成 › 申告書等の送信・印刷 › 終了

中間申告に係る納付税額のある方は、入力してください。

中間申告を行っていない方は、入力する必要はありませんので、画面下の「次へ進む」ボタンをクリックしてください。

中間申告とは

中間納付税額
［　　　］円

中間納付譲渡割額
［　　　］円

※ 中間申告に係る納付税額には、「中間納付税額」と「中間納付譲渡割額」が含まれていますので、それぞれの金額を入力してください。
※ 税務署から送付した申告書には、中間納付税額（[10]欄）、中間納付譲渡割額（[21]欄）にその合計額が印字されています。なお、1月ごと（年11回）の中間申告を行った場合、中間納付税額及び中間納付譲渡割額は印字されませんので、最終の中間申告分まで（11回分）の消費税及び地方消費税額を合計して入力してください。

税務署から送付した申告書等の中間納付税額等の印字場所

「中間納付税額等の入力」画面になります。

中間申告を行っていない場合は、入力する必要はありません。

次へ進む をクリックします。

国税庁
令和3年分 消費税 （書面提出） **確定申告書作成コーナー** ご利用ガイド よくある質問 よくある質問を検索

計算結果の確認 一般課税 税込

トップ画面 › 事前準備 › **申告書等の作成** › 申告書等の送信・印刷 › 終了

納付 する金額は、 **896,500円** です。

入力された金額に基づいた消費税の計算結果

課税標準額		(1)	25,905,000 円
消費税額		(2)	1,640,059 円
控除過大調整税額		(3)	円
控除税額	控除対象仕入税額	(4)	940,715 円
	返還等対価に係る税額	(5)	円
	貸倒れに係る税額	(6)	円
	控除税額小計 (4) + (5) + (6)	(7)	940,715 円
控除不足還付税額 (7) - (2) - (3)		(8)	円
差引税額 (2) + (3) - (7)		(9)	699,300 円
中間納付税額		(10)	円
納付税額 (9) - (10)		(11)	699,300 円
中間納付還付税額 (10) - (9)		(12)	円
課税売上割合	課税資産の譲渡等の対価の額	(15)	25,906,060 円
	資産の譲渡等の対価の額	(16)	25,906,060 円

入力された金額に基づいた地方消費税の計算結果

地方消費税の課税標準となる消費税額	控除不足還付税額	(17)	円
	差引税額	(18)	699,300 円
譲渡割額	還付額	(19)	円
	納税額	(20)	197,200 円
中間納付譲渡割額		(21)	円
納付譲渡割額 (20) - (21)		(22)	197,200 円
中間納付還付譲渡割額 (21) - (20)		(23)	円

消費税及び地方消費税の合計（納付又は還付）税額	(26)	**896,500 円**

計算方法はこちらからご確認ください

前に戻る　データを保存して中断　次へ進む

納付する消費税額の計算結果が表示されるので、確認します。

確認が終了し、［次へ進む］をクリックすると、「納税地等入力」画面が表示されるので、必要な事項を入力します。

(4) 簡易課税の場合の入力

「一般課税・簡易課税の条件判定等」画面（57ページ）で、簡易課税の選択については「はい」を選びます。

その他の項目については、一般課税の場合と同様に回答します。

全ての質問に回答したら、次へ進む をクリックします。

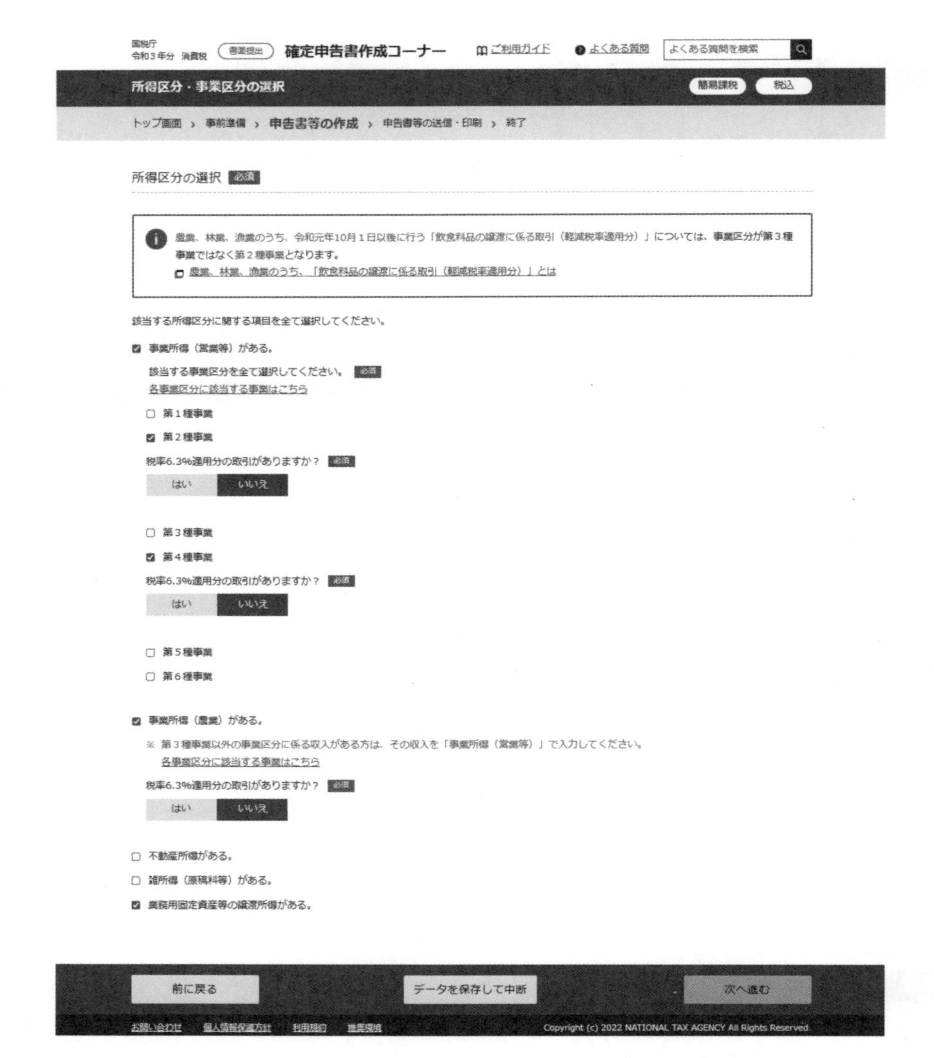

所得区分を選択し、表示された事業区分（第１種～第６種）から、該当する事業区分を選択します（20ページ簡易課税の事業区分表参照）。

※システム上、第３種事業以外の農業（軽減税率対象の農業や第３種に該当しない農業雑収入など）は、「事業所得（営業等）」を一度選択してから、該当する事業区分を選び、入力します。

設例の各課税売上げは、事業区分として次のように整理されます。

（税込み　円）

事業区分	6.24%分		7.8%分	
第２種	食用米	7,540,000		
	イチゴ	18,000,000		
	家事消費	104,800		
	米精算金	700,000		
	計	26,344,800		
第３種			飼料米	384,000
第４種			作業受託収入	1,000,000
			・・・・・・・・・	・・・・・・
			軽トラ売却	280,000

旧税率（6.3%）適用分の有無については「いいえ」を選択し、必要な入力が終了したら、次へ進む をクリックします。

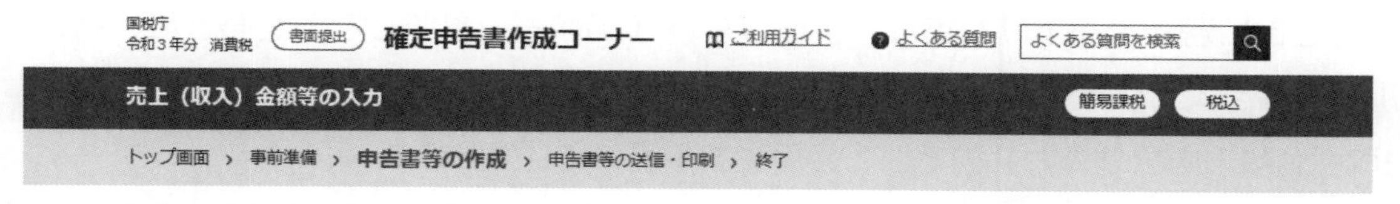

事業区分ごとに売上（収入）金額等の入力を行ってください。

	所得区分	事業区分	売上（収入）金額等
	事業所得（営業等）	第２種事業	入力する
	事業所得（営業等）	第４種事業	入力する
	事業所得（農業）	第３種事業	入力する
	業務用固定資産等の譲渡所得	第４種事業	入力する

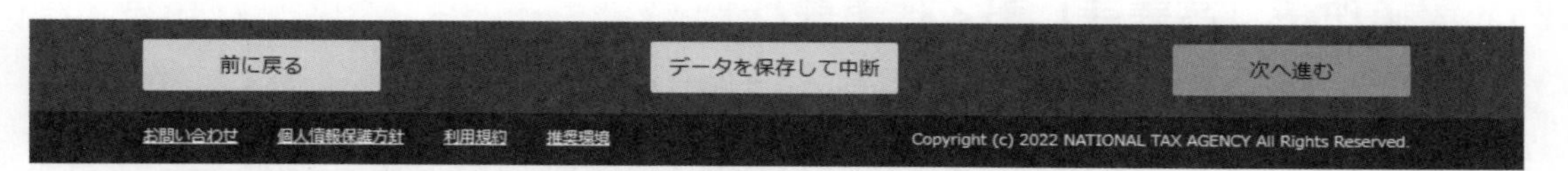

「所得区分の選択」画面で選択した所得区分・事業区分ごとに売上金額等を入力します。

まず、第２種事業の農業（軽減税率対象の農業）として選択した「事業所得（営業等）～第２種事業」の 入力する をクリックします。

事業区分ごとに各課税売上げを集計・整理した表（70ページ参照）などをもとに、第２種事業に係る売上金額等を入力します。

「課税取引金額の内訳の入力」欄では、適用税率の区分に注意します。

入力が終了したら、次へ進む をクリックし、以降、第４種事業の農業雑収入（作業受託収入）として選択した「事業所得（営業等）～第４種事業」－「事業所得（農業）～第３種事業」－「業務用固定資産等の譲渡所得～第４種事業」と入力を進めます。

（注）ここでは、「経営安定対策交付金（不課税）」6,500,000円を第３種事業の農業の総収入金額（雑収入）に含めて入力しています。

〈入力例／事業所得（営業等）第２種事業〉

国税庁
令和３年分　消費税　書面提出　確定申告書作成コーナー　ご利用ガイド　よくある質問　よくある質問を検索

事業所得（営業等）の売上（収入）金額等の入力（第２種事業）　簡易課税　税込

トップ画面 › 事前準備 › 申告書等の作成 › 申告書等の送信・印刷 › 終了

売上（収入）金額・免税取引・非課税取引等の金額の入力

売上（収入）金額の中に、免税、非課税、非課税資産の輸出等又は不課税に係るものが含まれている場合は、その金額も入力してください。

売上（収入）金額（雑収入を含む）必須	26,344,800 円
うち免税取引	円
うち非課税取引	円
うち非課税資産の輸出等	円
うち不課税取引	円
うち課税取引	26,344,800 円

課税取引金額の内訳の入力 必須

課税取引金額のうち、税率6.24%（軽減税率）適用分の金額を入力してください。
「うち税率6.24%（軽減税率）適用分」がない場合は「0」を入力してください。

課税取引金額	26,344,800 円
うち税率6.24%（軽減税率）適用分	26,344,800 円
うち税率7.8%適用分	0 円

売上げに係る対価の返還等の金額の入力

令和３年１月１日から令和３年12月31日の間で、売上（収入）金額から直接減額していない売上げに係る対価の返還等の金額がありますか？ 必須

売上げに係る対価の返還等とは

はい　いいえ

発生した貸倒金の金額の入力

令和３年１月１日から令和３年12月31日の間で発生した貸倒金はありますか？ 必須

はい　いいえ

回収した貸倒金の金額の入力

令和３年１月１日から令和３年12月31日の間で回収した貸倒金はありますか？ 必須

はい　いいえ

前に戻る　次へ進む

お問い合わせ　個人情報保護方針　利用規約　推奨環境　

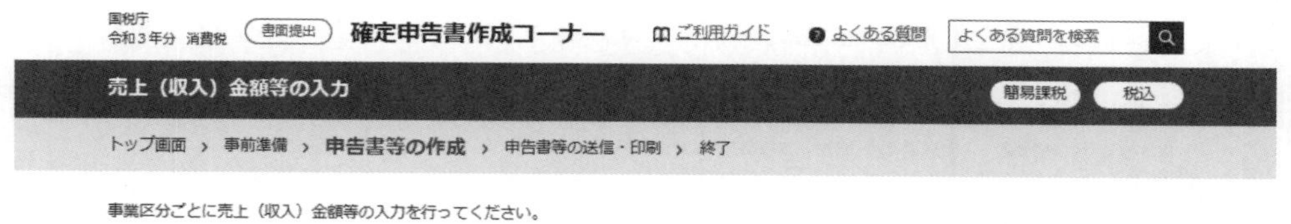

事業区分ごとに売上（収入）金額等の入力を行ってください。

	所得区分	事業区分	売上（収入）金額等
✓	事業所得（営業等）	第２種事業	訂正・内容確認
	事業所得（営業等）	第４種事業	入力する
	事業所得（農業）	第３種事業	入力する
	業務用固定資産等の譲渡所得	第４種事業	入力する

前に戻る　データを保存して中断　次へ進む

お問い合わせ　個人情報保護方針　利用規約　推奨環境

〈入力例／事業所得（営業等）第４種事業〉

国税庁
令和３年分 消費税　書面提出　確定申告書作成コーナー　ご利用ガイド　よくある質問　よくある質問を検索

事業所得（営業等）の売上（収入）金額等の入力（第４種事業）　簡易課税　税込

トップ画面 › 事前準備 › 申告書等の作成 › 申告書等の送信・印刷 › 終了

売上（収入）金額・免税取引・非課税取引等の金額の入力

売上（収入）金額の中に、免税、非課税、非課税資産の輸出等又は不課税に係るものが含まれている場合は、その金額も入力してください。

売上（収入）金額（雑収入を含む） 必須	1,000,000 円
うち免税取引	円
うち非課税取引	円
うち非課税資産の輸出等	円
うち不課税取引	円
うち課税取引	1,000,000 円

課税取引金額の内訳の入力 必須

課税取引金額のうち、税率6.24%（軽減税率）適用分の金額を入力してください。
「うち税率6.24%（軽減税率）適用分」がない場合は「0」を入力してください。

課税取引金額	1,000,000 円
うち税率6.24%（軽減税率）適用分	0 円
うち税率7.8%適用分	1,000,000 円

売上げに係る対価の返還等の金額の入力

令和３年１月１日から令和３年12月31日の間で、売上（収入）金額から直接減額していない売上げに係る対価の返還等の金額がありますか？ 必須

売上げに係る対価の返還等とは

はい　いいえ

発生した貸倒金の金額の入力

令和３年１月１日から令和３年12月31日の間で発生した貸倒金はありますか？ 必須

はい　いいえ

回収した貸倒金の金額の入力

令和３年１月１日から令和３年12月31日の間で回収した貸倒金はありますか？ 必須

はい　いいえ

前に戻る　次へ進む

お問い合わせ　個人情報保護方針　利用規約　推奨環境

国税庁
令和３年分 消費税 書面提出 **確定申告書作成コーナー** ご利用ガイド よくある質問 よくある質問を検索

売上（収入）金額等の入力 簡易課税 税込

トップ画面 › 事前準備 › **申告書等の作成** › 申告書等の送信・印刷 › 終了

事業区分ごとに売上（収入）金額等の入力を行ってください。

	所得区分	事業区分	売上（収入）金額等
✓	事業所得（営業等）	第２種事業	訂正・内容確認
✓	事業所得（営業等）	第４種事業	訂正・内容確認
	事業所得（農業）	第３種事業	入力する
	業務用固定資産等の譲渡所得	第４種事業	入力する

前に戻る データを保存して中断 次へ進む

お問い合わせ 個人情報保護方針 利用規約 推奨環境 Copyright (c) 2022 NATIONAL TAX AGENCY All Rights Reserved.

〈入力例／事業所得（農業）〉

国税庁
令和３年分 消費税 書面提出 **確定申告書作成コーナー** ご利用ガイド よくある質問 よくある質問を検索

事業所得（農業）の収入金額等の入力 簡易課税 税込

トップ画面 › 事前準備 › **申告書等の作成** › 申告書等の送信・印刷 › 終了

収入金額・免税取引・非課税取引等の金額の入力

収入金額の中に、免税、非課税、非課税資産の輸出等又は不課税に係るものが含まれている場合は、その金額も入力してください。

	販売金額	家事消費	事業消費	未成熟果樹収入	雑収入
収入金額 必須	384,000円	円	円	円	6,500,000円
うち免税取引	円		円		円
うち非課税取引	円		円		円
うち非課税資産の輸出等	円		円		円
うち不課税取引	円		円		6,500,000円
うち課税取引	384,000円	円	円	円	0円

課税取引金額の内訳の入力 必須

課税取引金額のうち、税率6.24%（軽減税率）適用分の金額を入力してください。
「うち税率6.24%（軽減税率）適用分」がない場合は「０」を入力してください。

	販売金額	家事消費	事業消費	未成熟果樹収入	雑収入
課税取引金額	384,000円	円	円	円	0円
うち税率6.24%（軽減税率）適用分	0円	円	円	円	0円
うち税率7.8%適用分	384,000円	円	円	円	0円

売上げに係る対価の返還等の金額の入力

令和３年１月１日から令和３年12月31日の間で、収入金額から直接減額していない売上げに係る対価の返還等の金額がありますか？ 必須

売上げに係る対価の返還等とは

はい いいえ

発生した貸倒金の金額の入力

令和３年１月１日から令和３年12月31日の間で発生した貸倒金はありますか？ 必須

はい いいえ

回収した貸倒金の金額の入力

令和３年１月１日から令和３年12月31日の間で回収した貸倒金はありますか？ 必須

はい いいえ

前に戻る 次へ進む

お問い合わせ 個人情報保護方針 利用規約 推奨環境 Copyright (c) 2022 NATIONAL TAX AGENCY All Rights Reserved.

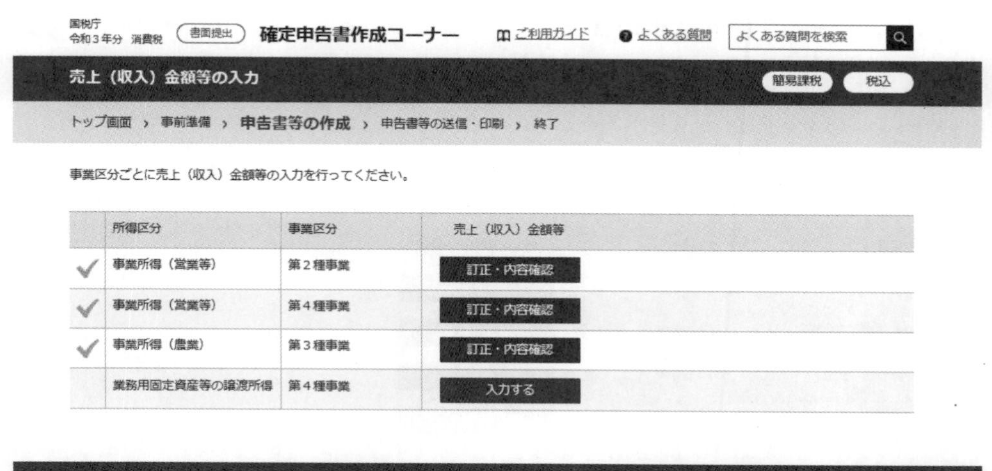

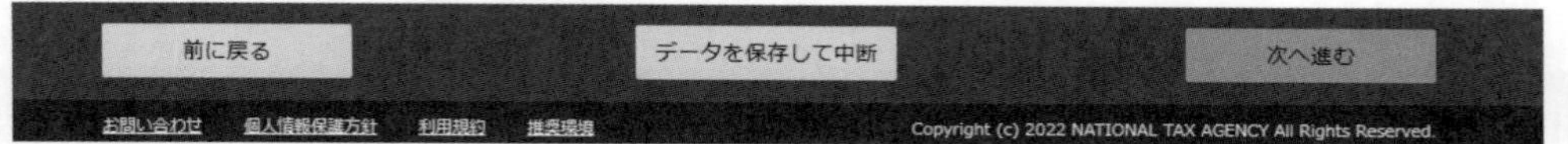

〈入力例／業務用固定資産等の譲渡所得〉

国税庁
令和３年分 消費税 書面提出 確定申告書作成コーナー ご利用ガイド よくある質問 よくある質問を検索

業務用固定資産等の譲渡所得の収入金額等の入力 簡易課税 税込

トップ画面 › 事前準備 › 申告書等の作成 › 申告書等の送信・印刷 › 終了

収入金額・免税取引・非課税取引等の金額の入力

収入金額の中に、免税、非課税、非課税資産の輸出等又は不課税に係るものが含まれている場合は、その金額も入力してください。

収入金額 必須	280,000 円
うち免税取引	円
うち非課税取引	円
うち非課税資産の輸出等	円
うち不課税取引	円
うち課税取引	280,000 円

売上げに係る対価の返還等の金額の入力

令和３年１月１日から令和３年12月31日の間で、収入金額から直接減額していない売上げに係る対価の返還等の金額がありますか？ 必須

売上げに係る対価の返還等とは

はい いいえ

発生した貸倒金の金額の入力

令和３年１月１日から令和３年12月31日の間で発生した貸倒金はありますか？ 必須

はい いいえ

回収した貸倒金の金額の入力

令和３年１月１日から令和３年12月31日の間で回収した貸倒金はありますか？ 必須

はい いいえ

前に戻る 次へ進む

お問い合わせ 個人情報保護方針 利用規約 推奨環境

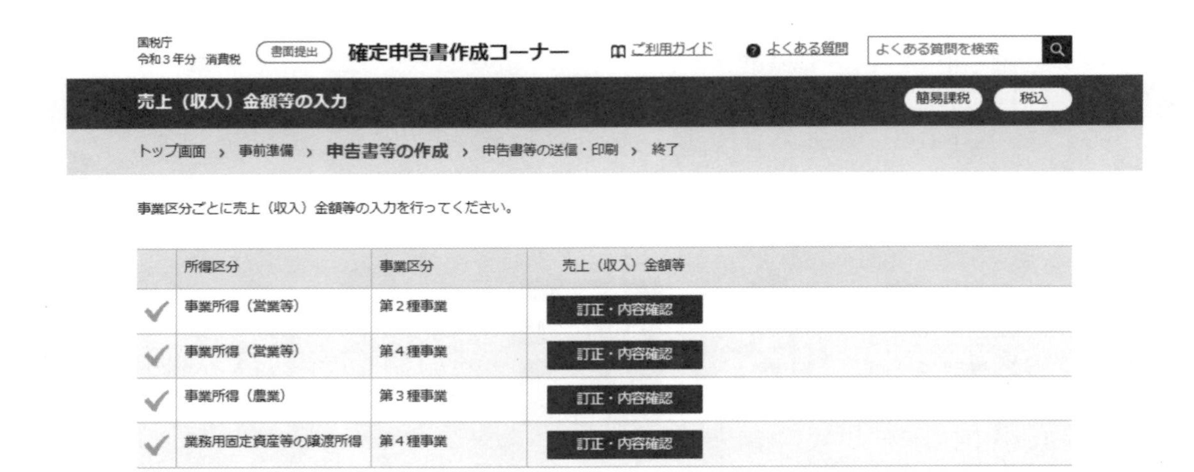

	所得区分	事業区分	売上（収入）金額等
✓	事業所得（営業等）	第２種事業	訂正・内容確認
✓	事業所得（営業等）	第４種事業	訂正・内容確認
✓	事業所得（農業）	第３種事業	訂正・内容確認
✓	業務用固定資産等の譲渡所得	第４種事業	訂正・内容確認

前に戻る　データを保存して中断　次へ進む

お問い合わせ　個人情報保護方針　利用規約　推奨環境　Copyright (c) 2022 NATIONAL TAX AGENCY All Rights Reserved.

「売上（収入）金額等の入力」画面に戻ります。

これまで入力した内容を確認したり訂正するには、訂正・内容確認 をクリックします。

確認や訂正の必要がなければ 次へ進む をクリックします。

国税庁
令和３年分 消費税
書面提出
確定申告書作成コーナー
ご利用ガイド
よくある質問
よくある質問を検索

中間納付税額等の入力
一般課税
税込

トップ画面 › 事前準備 › 申告書等の作成 › 申告書等の送信・印刷 › 終了

中間申告に係る納付税額のある方は、入力してください。

中間申告を行っていない方は、入力する必要はありません ので、画面下の「次へ進む」ボタンをクリックしてください。

中間申告とは

中間納付税額

円

中間納付譲渡割額

円

※ 中間申告に係る納付税額には、「中間納付税額」と「中間納付譲渡割額」が含まれていますので、それぞれの金額を入力してください。

※ 税務署から送付した申告書には、中間納付税額（[10]欄）、中間納付譲渡割額（[21]欄）にその合計額が印字されています。なお、１月ごと（年11回）の中間申告を行った場合、中間納付税額及び中間納付譲渡割額は印字されませんので、最終の中間申告分まで（11回分）の消費税及び地方消費税額を合計して入力してください。

税務署から送付した申告書等の中間納付税額等の印字場所

「中間納付税額等の入力」画面になります。

中間申告を行っていない場合は、入力する必要はありません。

次へ進む をクリックします。

国税庁
令和３年分　消費税　書面提出　**確定申告書作成コーナー**　ご利用ガイド　よくある質問　よくある質問を検索

計算結果の確認　簡易課税　税込

トップ画面 ＞ 事前準備 ＞ **申告書等の作成** ＞ 申告書等の送信・印刷 ＞ 終了

納付 する金額は、 **420,500円** です。

入力された金額に基づいた消費税の計算結果

課税標準額		(1)	25,905,000 円
消費税額		(2)	1,640,059 円
貸倒回収に係る消費税額		(3)	円
控除税額	控除対象仕入税額	(4)	1,312,046 円
	返還等対価に係る税額	(5)	円
	貸倒れに係る税額	(6)	円
	控除税額小計 (4) ＋ (5) ＋ (6)	(7)	1,312,046 円
控除不足還付税額 (7) － (2) － (3)		(8)	円
差引税額 (2) ＋ (3) － (7)		(9)	328,000 円
中間納付税額		(10)	円
納付税額 (9) － (10)		(11)	328,000 円
中間納付還付税額 (10) － (9)		(12)	円
この課税期間の課税売上高		(15)	25,906,060 円
基準期間の課税売上高		(16)	18,246,500 円

入力された金額に基づいた地方消費税の計算結果

地方消費税の課税標準となる消費税額	控除不足還付税額	(17)	円
	差引税額	(18)	328,000 円
譲渡割額	還付額	(19)	円
	納税額	(20)	92,500 円
中間納付譲渡割額		(21)	円
納付譲渡割額 (20) － (21)		(22)	92,500 円
中間納付還付譲渡割額 (21) － (20)		(23)	円

消費税及び地方消費税の合計（納付又は還付）税額	(26)	**420,500 円**

計算方法はこちらからご確認ください

前に戻る　データを保存して中断　次へ進む

お問い合わせ　個人情報保護方針　利用規約　推奨環境　Copyright (c) 2022 NATIONAL TAX AGENCY All Rights Reserved.

納付する消費税額の計算結果が表示されるので、確認します。

確認が終了し、次へ進む をクリックすると、「納税地等入力」画面が表示されるので、必要な事項を入力します。

（5）納税地等入力（一般課税・簡易課税共通）

国税庁
令和３年分　消費税　（書面提出）　**確定申告書作成コーナー**　ご利用ガイド　よくある質問　よくある質問を検索

納税地等入力　一般課税　税込

トップ画面 ＞ 事前準備 ＞ **申告書等の作成** ＞ 申告書等の送信・印刷 ＞ 終了

納付について

納付税額は、 **896,500円** です。

納付は、以下のいずれかの方法で行ってください。
申告書の提出後に、税務署から納付書の送付や納税通知等のお知らせはありませんので、ご注意ください。
各納付方法の詳細については、国税庁ホームページをご覧ください。

納付手続名	納付方法
振替納税 期限　令和４年３月31日（木）までに振替依頼書を提出してください。 令和３年分の期限内申告分の振替日は、令和４年４月26日（火）です。 （令和４年４月１日から４月15日までに申告される方へ） 申告・納付期限の延長申請をされた場合の振替日は、令和４年５月26日（木）となります（詳しくはこちら）。 手数料　不要です。	指定した預貯金口座からの引落しにより納付する方法です。 期限内に申告された場合に限りご利用いただけます。 以下に該当する方は振替依頼書等の提出が必要です。 • 初めて振替納税を利用される方 • ご利用中の方で、申告書の提出先税務署が変わった方 申告書の提出先税務署が変わった方はこちらをご確認ください。 振替依頼書を作成する
電子納税 期限　令和４年３月31日（木） 手数料　不要です。 インターネットバンキング等を利用して納付される場合、利用のための手数料がかかる場合があります。	e-Taxを利用してダイレクト納付又はインターネットバンキング等から納付する方法です。
クレジットカード納付 期限　令和４年３月31日（木） 手数料　納付税額に応じた決済手数料がかかります。 決済手数料は国の収入になるものではありません。	「国税クレジットカードお支払サイト」（外部サイト）上での手続により、納付受託者へ国税の納付を委託する方法です。 <注意事項> クレジットカード納付をした場合、納付済の納税証明書の発行が可能となるまで、３週間程度かかる場合があります。
窓口納付 期限　令和４年３月31日（木） 手数料　不要です。	金融機関又は所轄の税務署の窓口で納付する方法です。 納付書は一部の金融機関及び全国の税務署の窓口に用意しています。

納税地・氏名等の入力

東日本大震災により避難されている方はこちらをご参照ください。

制限文字数を超える場合、省略可能な文字（マンション名等）は省略して入力して差し支えありません。

納税地情報

納税地		住所　事業所等 事業所等の所在地を納税地とする場合には、届出が必要です。
住所又は事業所等	郵便番号	123 - 4567　郵便番号から住所入力

	都道府県 市区町村	都道府県 [ ] 市区町村 [ ] 郵便番号から検索できなかった方は、こちらから都道府県や市区町村を選択してください。
	町名・番地	[都道府県市区町村と合計で28文字以内] ○○町１－１－１
	建物名・号室	[28文字以内] ○○アパート１０１号室

申告書を提出する税務署

提出先税務署	都道府県 [選択してください] 税務署 [ ] リストから都道府県を選択後、税務署名を選択してください。 管轄の税務署を調べる
整理番号	[半角数字8桁] 01234567 税務署から送付された申告書等により整理番号がお分かりになる場合は入力してください。 この番号を入力してください。
提出年月日	令和 [ ] 年 [ ] 月 [ ] 日 提出時に手書きしても差し支えありません。

氏名等

氏名（カナ）	[11文字以内] コクゼイ [11文字以内] タロウ
氏名（漢字）	[10文字以内] 国税 [10文字以内] 太郎
マイナンバー（個人番号）	[ ] - [ ] - [ ] □ マイナンバーの入力値を表示する。
電話番号	[半角数字合計14桁以内] 03 - 1234 - 5678 平日の昼間にご連絡のとれる電話番号を市外局番より入力してください（携帯電話でも結構です。）。

屋号・雅号

フリガナ	[40文字以内] コクゼイショウテン
漢字	[30文字以内] 国税商店

住所や氏名等の基本情報について、申告書等を提出される際には忘れずに記載（入力）をお願いします。

前に戻る　データを保存して中断　次へ進む

お問い合わせ　個人情報保護方針　利用規約　推奨環境

「納税地等入力」画面の上部は納付についての案内、下部は納税地や氏名などの入力欄が表示されます。

必要な事項の入力が終了したら、次へ進む をクリックします。

（6）申告書等印刷（一般課税・簡易課税共通）

「申告書等印刷」画面の上部は印刷にあたっての留意事項、中央部は印刷する帳票の選択一覧、下部は帳票表示・印刷の手順が表示されます。

「印刷する帳票の選択」一覧から、印刷する帳票を選びます（印刷する必要のない帳票のチェック☑を外します）。

【一般課税の例】

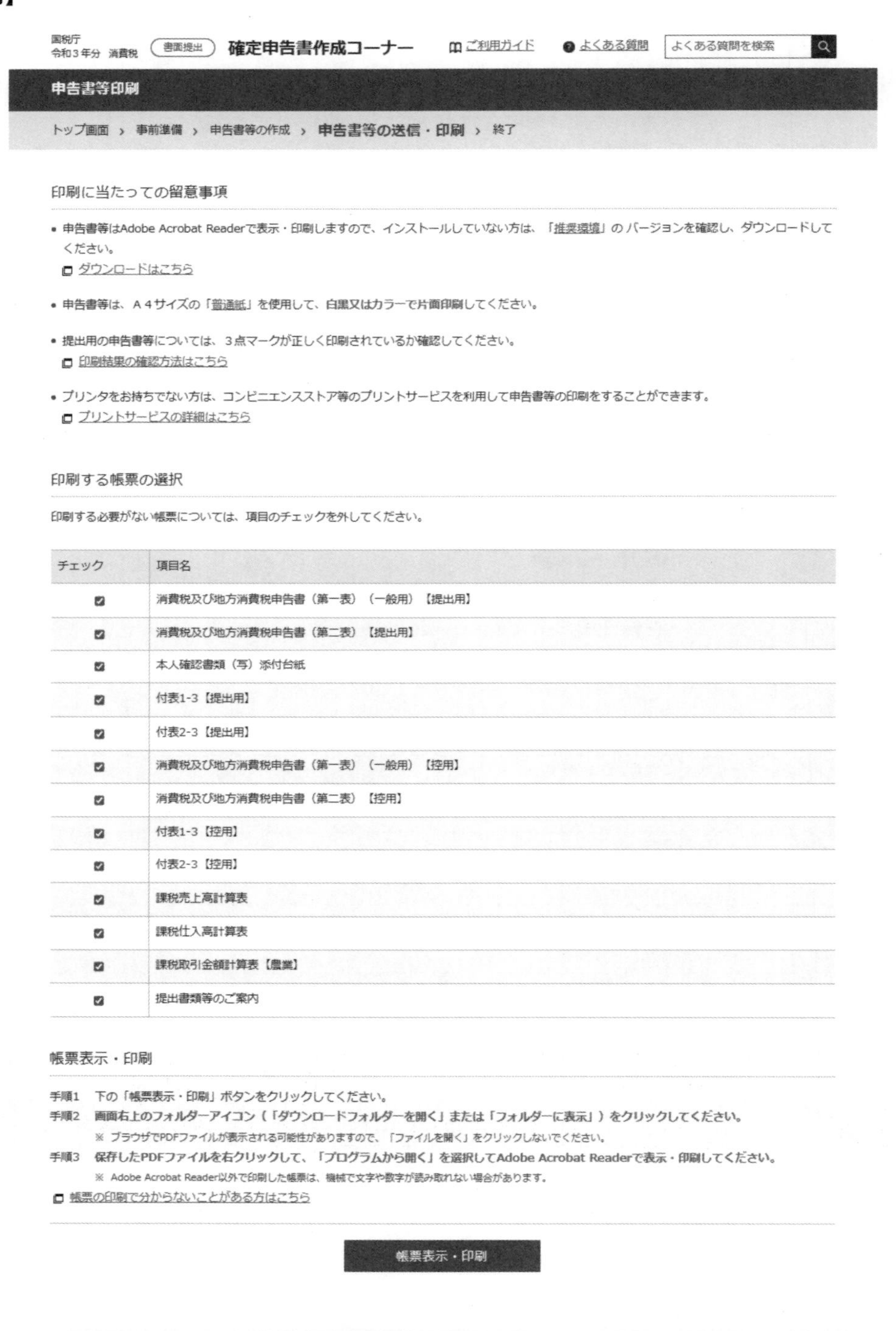

【簡易課税の例】

国税庁
令和３年分　消費税　書面提出　**確定申告書作成コーナー**　ご利用ガイド　よくある質問　よくある質問を検索

申告書等印刷

トップ画面 ＞ 事前準備 ＞ 申告書等の作成 ＞ **申告書等の送信・印刷** ＞ 終了

印刷に当たっての留意事項

- 申告書等はAdobe Acrobat Readerで表示・印刷しますので、インストールしていない方は、「推奨環境」の バージョンを確認し、ダウンロードしてください。
  ダウンロードはこちら
- 申告書等は、Ａ４サイズの「普通紙」を使用して、白黒又はカラーで片面印刷してください。
- 提出用の申告書等については、３点マークが正しく印刷されているか確認してください。
  印刷結果の確認方法はこちら
- プリンタをお持ちでない方は、コンビニエンスストア等のプリントサービスを利用して申告書等の印刷をすることができます。
  プリントサービスの詳細はこちら

印刷する帳票の選択

印刷する必要がない帳票については、項目のチェックを外してください。

チェック	項目名
☑	消費税及び地方消費税申告書（第一表）（簡易用）【提出用】
☑	消費税及び地方消費税申告書（第二表）【提出用】
☑	本人確認書類（写）添付台紙
☑	付表4-3【提出用】
☑	付表5-3【提出用】
☑	消費税及び地方消費税申告書（第一表）（簡易用）【控用】
☑	消費税及び地方消費税申告書（第二表）【控用】
☑	付表4-3【控用】
☑	付表5-3【控用】
☑	課税売上高計算表
☑	提出書類等のご案内

帳票表示・印刷

手順1　下の「帳票表示・印刷」ボタンをクリックしてください。
手順2　画面右上のフォルダーアイコン（「ダウンロードフォルダーを開く」または「フォルダーに表示」）をクリックしてください。
※ ブラウザでPDFファイルが表示される可能性がありますので、「ファイルを開く」をクリックしないでください。
手順3　保存したPDFファイルを右クリックして、「プログラムから開く」を選択してAdobe Acrobat Readerで表示・印刷してください。
※ Adobe Acrobat Reader以外で印刷した帳票は、機械で文字や数字が読み取れない場合があります。

帳票の印刷で分からないことがある方はこちら

帳票表示・印刷

前に戻る　次へ進む

お問い合わせ　個人情報保護方針　利用規約　推奨環境　Copyright (c) 2022 NATIONAL TAX AGENCY All Rights Reserved.

「帳票表示・印刷」の手順１～３に従い、指定されたアイコン等をクリックします。

選択した帳票がPDF形式で表示されるので、印刷して確認の上、必要な申告書や付表を税務署に提出します。

（一般課税用の例／84～90ページ）

●第３－(1) 号様式　課税期間分の消費税及び地方消費税の確定申告書　第一表
●第３－(2) 号様式　課税期間分の消費税及び地方消費税の確定申告書　第二表
●付表１－３　税率別消費税額計算表　兼　地方消費税の課税標準となる消費税額計算表　一般
●付表２－３　課税売上割合・控除対象仕入税額等の計算表　一般
●課税売上高計算表　表ロ
●課税仕入高計算表　表ハ
●課税取引金額計算表　表イ－２

（簡易課税用の例／91～96ページ）

●第３－(3) 号様式　課税期間分の消費税及び地方消費税の確定申告書　第一表
●第３－(2) 号様式　課税期間分の消費税及び地方消費税の確定申告書　第二表
●付表４－３　税率別消費税額計算表　兼　地方消費税の課税標準となる消費税額計算表　簡易
●付表５－３　控除対象仕入税額等の計算表　簡易
●課税売上高計算表　表ロ

GK1304

第3－(1)号様式

個人事業者用

第一表

令和元年十月一日以後終了課税期間分（一般用）

OCR入力用（この用紙は機械で読み取ります。折ったり汚したりしないでください。）

令和　年　月　日　　税務署長殿

納税地	○○市△△町5-248（電話番号 XXXX － 21 － 3579）
（フリガナ）屋号	ミズタ ノウエン　水田　農園
個人番号	
（フリガナ）氏名	ミズタ コウサク　水田　耕作

※税務署処理欄：一連番号／所管／要否／整理番号／申告年月日 令和 年 月 日／申告区分／指導等 5／庁指定／局指定／通信日付印／確認／確認書類 個人番号カード 通知カード・運転免許証 その他（　）／身元確認／指導年月日 令和／相談／区分1／区分2／区分3

自 令和 3年 1月 1日
至 令和 3年 12月 31日

課税期間分の消費税及び地方消費税の（　確定　）申告書

中間申告の場合の対象期間 自 令和 年 月 日 至 令和 年 月 日

この申告書による消費税の税額の計算

課税標準額	①	25905000	03
消費税額	②	1640059	06
控除過大調整税額	③		07
控除税額 控除対象仕入税額	④	940715	08
控除税額 返還等対価に係る税額	⑤		09
控除税額 貸倒れに係る税額	⑥		10
控除税額 控除税額小計（④+⑤+⑥）	⑦	940715	
控除不足還付税額（⑦−②−③）	⑧		13
差引税額（②+③−⑦）	⑨	699300	15
中間納付税額	⑩	00	16
納付税額（⑨−⑩）	⑪	699300	17
中間納付還付税額（⑩−⑨）	⑫	00	18
この申告書が修正申告である場合 既確定税額	⑬		19
この申告書が修正申告である場合 差引納付税額	⑭	00	20
課税売上割合 課税資産の譲渡等の対価の額	⑮	25906060	21
課税売上割合 資産の譲渡等の対価の額	⑯	25906060	22

この申告書による地方消費税の税額の計算

地方消費税の課税標準となる消費税額 控除不足還付税額	⑰		51
地方消費税の課税標準となる消費税額 差引税額	⑱	699300	52
譲渡割額 還付額	⑲		53
譲渡割額 納税額	⑳	197200	54
中間納付譲渡割額	㉑	00	55
納付譲渡割額（⑳−㉑）	㉒	197200	56
中間納付還付譲渡割額（㉑−⑳）	㉓	00	57
この申告書が修正申告である場合 既確定譲渡割額	㉔		58
この申告書が修正申告である場合 差引納付譲渡割額	㉕	00	59
消費税及び地方消費税の合計（納付又は還付）税額	㉖	896500	60

㉖＝（⑪＋㉒）－（⑧＋⑫＋⑲＋㉓）・修正申告の場合㉖＝⑭＋㉕
㉖が還付税額となる場合はマイナス「－」を付してください。

付記事項	有	無	
割賦基準の適用	有	○ 無	31
延払基準等の適用	有	○ 無	32
工事進行基準の適用	有	○ 無	33
現金主義会計の適用	有	○ 無	34
課税標準額に対する消費税額の計算の特例の適用	有	○ 無	35

参考事項：
- 控除税額の計算方法：課税売上高5億円超又は課税売上割合95%未満（個別対応方式／一括比例配分方式）41；上記以外 ○ 全額控除
- 基準期間の課税売上高 18,246 千円

還付を受けようとする金融機関等：銀行・金庫・組合・農協・漁協　本店・支店・出張所・本所・支所　預金 口座番号　ゆうちょ銀行の貯金記号番号 －　郵便局名等

※税務署整理欄

税理士署名（電話番号　－　－　）

税理士法第30条の書面提出有
税理士法第33条の2の書面提出有

第3－(2)号様式

GK1601

課税標準額等の内訳書

整理番号

個人事業者用

第二表

令和元年十月一日以後終了課税期間分

納税地	○○市△△町5-248 (電話番号 XXXX - 21 - 3579)
(フリガナ)	ミズタ ノウエン
屋号	水田 農園
(フリガナ)	ミズタ コウサク
氏名	水田 耕作

改正法附則による税額の特例計算			
軽減売上割合（10営業日）		附則38①	51
小売等軽減仕入割合		附則38②	52
小売等軽減売上割合		附則39①	53

自 令和 3年 1月 1日
至 令和 3年 12月 31日

課税期間分の消費税及び地方消費税の（ 確定 ）申告書

中間申告の場合の対象期間 自 令和 年 月 日 至 令和 年 月 日

			十兆 千 百 十 億 千 百 十 万 千 百 十 一 円	
課税標準額 ※申告書（第一表）の①欄へ		①	25905000	01
課税資産の譲渡等の対価の額の合計額	3 % 適用分	②		02
	4 % 適用分	③		03
	6.3 % 適用分	④		04
	6.24 % 適用分	⑤	24393333	05
	7.8 % 適用分	⑥	1512727	06
		⑦	25906060	07
特定課税仕入れに係る支払対価の額の合計額 (注1)	6.3 % 適用分	⑧		11
	7.8 % 適用分	⑨		12
		⑩		13
消費税額 ※申告書（第一表）の②欄へ		⑪	1640059	21
⑪の内訳	3 % 適用分	⑫		22
	4 % 適用分	⑬		23
	6.3 % 適用分	⑭		24
	6.24 % 適用分	⑮	1522123	25
	7.8 % 適用分	⑯	117936	26
返還等対価に係る税額 ※申告書（第一表）の⑤欄へ		⑰		31
⑰の内訳	売上げの返還等対価に係る税額	⑱		32
	特定課税仕入れの返還等対価に係る税額 (注1)	⑲		33
地方消費税の課税標準となる消費税額		⑳	699300	41
	4 % 適用分	㉑		42
	6.3 % 適用分	㉒		43
(注2)	6.24%及び7.8% 適用分	㉓	699300	44

(注1) ⑧～⑩及び⑲欄は、一般課税により申告する場合で、課税売上割合が95%未満、かつ、特定課税仕入れがある事業者のみ記載します。
(注2) ⑳～㉓欄が還付税額となる場合はマイナス「－」を付してください。

OCR入力用（この用紙は機械で読み取ります。折ったり汚したりしないでください。）

付表１－３　税率別消費税額計算表 兼 地方消費税の課税標準となる消費税額計算表　　一般

課税期間	3・1・1 ～ 3・12・31	氏名又は名称	水田　耕作

区分		税率 6.24 % 適用分 A	税率 7.8 % 適用分 B	合計 C (A＋B)
課税標準額	①	円 24,393,000	円 1,512,000	※第二表の①欄へ 円 25,905,000
①の内訳 課税資産の譲渡等の対価の額	①-1	※第二表の⑤欄へ 24,393,333	※第二表の⑥欄へ 1,512,727	※第二表の⑦欄へ 25,906,060
①の内訳 特定課税仕入れに係る支払対価の額	①-2	※①-2欄は、課税売上割合が95％未満、かつ、特定課税仕入れがある事業者のみ記載する。	※第二表の⑨欄へ	※第二表の⑩欄へ
消費税額	②	※第二表の⑮欄へ 1,522,123	※第二表の⑯欄へ 117,936	※第二表の⑪欄へ 1,640,059
控除過大調整税額	③	(付表2-3の㉕・㉖A欄の合計金額)	(付表2-3の㉕・㉖B欄の合計金額)	※第一表の③欄へ
控除税額 控除対象仕入税額	④	(付表2-3の㉔A欄の金額) 0	(付表2-3の㉔B欄の金額) 940,715	※第一表の④欄へ 940,715
控除税額 返還等対価に係る税額	⑤			※第二表の⑰欄へ
⑤の内訳 売上げの返還等対価に係る税額	⑤-1			※第二表の⑱欄へ
⑤の内訳 特定課税仕入れの返還等対価に係る税額	⑤-2	※⑤-2欄は、課税売上割合が95％未満、かつ、特定課税仕入れがある事業者のみ記載する。		※第二表の⑲欄へ
控除税額 貸倒れに係る税額	⑥			※第一表の⑥欄へ
控除税額 控除税額小計 (④＋⑤＋⑥)	⑦	0	940,715	※第一表の⑦欄へ 940,715
控除不足還付税額 (⑦－②－③)	⑧			※第一表の⑧欄へ
差引税額 (②＋③－⑦)	⑨			※第一表の⑨欄へ 699,300
地方消費税の課税標準となる消費税額 控除不足還付税額 (⑧)	⑩			※第一表の⑰欄へ ※マイナス「－」を付して第二表の⑳及び㉓欄へ
地方消費税の課税標準となる消費税額 差引税額 (⑨)	⑪			※第一表の⑱欄へ ※第二表の⑳及び㉓欄へ 699,300
譲渡割額 還付額	⑫			(⑩C欄×22/78) ※第一表の⑲欄へ
譲渡割額 納税額	⑬			(⑪C欄×22/78) ※第一表の⑳欄へ 197,200

注意　金額の計算においては、１円未満の端数を切り捨てる。

付表２－３　課税売上割合・控除対象仕入税額等の計算表

一般

課税期間	3・1・1 ～ 3・12・31	氏名又は名称	水田　耕作

項目		税率6.24％適用分 A	税率7.8％適用分 B	合計 C (A＋B)
課税売上額（税抜き）	①	円 24,393,333	円 1,512,727	円 25,906,060
免税売上額	②			
非課税資産の輸出等の金額、海外支店等へ移送した資産の価額	③			
課税資産の譲渡等の対価の額（①＋②＋③）	④			※第一表の⑮欄へ 25,906,060
課税資産の譲渡等の対価の額（④の金額）	⑤			25,906,060
非課税売上額	⑥			
資産の譲渡等の対価の額（⑤＋⑥）	⑦			※第一表の⑯欄へ 25,906,060
課税売上割合（④／⑦）	⑧			［100.00%］ ※端数切捨て
課税仕入れに係る支払対価の額（税込み）	⑨	0	13,266,500	13,266,500
課税仕入れに係る消費税額	⑩	(⑨A欄×6.24/108) 0	(⑨B欄×7.8/110) 940,715	940,715
特定課税仕入れに係る支払対価の額	⑪	※⑪及び⑫欄は、課税売上割合が95%未満、かつ、特定課税仕入れがある事業者のみ記載する		
特定課税仕入れに係る消費税額	⑫		(⑪B欄×7.8/100)	
課税貨物に係る消費税額	⑬			
納税義務の免除を受けない（受ける）こととなった場合における消費税額の調整（加算又は減算）額	⑭			
課税仕入れ等の税額の合計額 (⑩＋⑫＋⑬±⑭)	⑮	0	940,715	940,715
課税売上高が5億円以下、かつ、課税売上割合が95％以上の場合 (⑮の金額)	⑯	0	940,715	940,715
課税売上高が5億円超又は課税売上割合が95％未満の場合　個別対応方式　⑮のうち、課税売上げにのみ要するもの	⑰			
個別対応方式　⑮のうち、課税売上げと非課税売上げに共通して要するもの	⑱			
個別対応方式　個別対応方式により控除する課税仕入れ等の税額〔⑰＋(⑱×④／⑦)〕	⑲			
一括比例配分方式により控除する課税仕入れ等の税額（⑮×④／⑦）	⑳			
控除税額の調整　課税売上割合変動時の調整対象固定資産に係る消費税額の調整（加算又は減算）額	㉑			
控除税額の調整　調整対象固定資産を課税業務用（非課税業務用）に転用した場合の調整（加算又は減算）額	㉒			
控除税額の調整　居住用賃貸建物を課税賃貸用に供した（譲渡した）場合の加算額	㉓			
差引　控除対象仕入税額〔(⑯、⑲又は⑳の金額)±㉑±㉒＋㉓〕がプラスの時	㉔	※付表1-3の④A欄へ 0	※付表1-3の④B欄へ 940,715	940,715
差引　控除過大調整税額〔(⑯、⑲又は⑳の金額)±㉑±㉒＋㉓〕がマイナスの時	㉕	※付表1-3の③A欄へ	※付表1-3の③B欄へ	
貸倒回収に係る消費税額	㉖	※付表1-3の③A欄へ	※付表1-3の③B欄へ	

注意　1　金額の計算においては、1円未満の端数を切り捨てる。
　　　2　⑨及び⑪欄には、値引き、割戻し、割引きなど仕入対価の返還等の金額がある場合（仕入対価の返還等の金額を仕入金額から直接減額している場合を除く。）には、その金額を控除した後の金額を記載する。

課税売上高計算表

表ロ

（令和　3　年分）

(1) 事業所得に係る課税売上高		金額	うち軽減税率 6.24%適用分	うち標準税率 7.8%適用分
営業等課税売上高	①	表イ－１の①C欄の金額 円	表イ－１の①D欄の金額 円	表イ－１の①E欄の金額 円
農業課税売上高	②	表イ－２の④C欄の金額 27,728,800	表イ－２の④D欄の金額 26,344,800	表イ－２の④E欄の金額 1,384,000

(2) 不動産所得に係る課税売上高		金額	うち軽減税率 6.24%適用分	うち標準税率 7.8%適用分
課税売上高	③	表イ－３の④C欄の金額	表イ－３の④D欄の金額	表イ－３の④E欄の金額

(3)（　　　）所得に係る課税売上高		金額	うち軽減税率 6.24%適用分	うち標準税率 7.8%適用分
損益計算書の収入金額	④			
④のうち、課税売上げにならないもの	⑤			
差引課税売上高（④－⑤）	⑥			

(4) 業務用資産の譲渡所得に係る課税売上高		金額	うち軽減税率 6.24%適用分	うち標準税率 7.8%適用分
業務用固定資産等の譲渡収入金額	⑦	280,000		
⑦のうち、課税売上げにならないもの	⑧			
差引課税売上高（⑦－⑧）	⑨	280,000		280,000

(5) 課税売上高の合計額（①＋②＋③＋⑥＋⑨）	⑩	28,008,800	26,344,800	1,664,000

(6) 課税資産の譲渡等の対価の額の計算		
26,344,800 円×100/108 税抜経理方式によっている場合、⑩軽減税率6.24%適用分欄の金額に課税売上げに係る仮受消費税等の金額を加算して計算します。	⑪	（1円未満の端数切捨て） (一般用)付表１－３の①－１Ａ欄へ (簡易課税用)付表４－３の①－１Ａ欄へ 24,393,333
1,664,000 円×100/110 税抜経理方式によっている場合、⑩標準税率7.8%適用分欄の金額に課税売上げに係る仮受消費税等の金額を加算して計算します。	⑫	（1円未満の端数切捨て） (一般用)付表１－３の①－１Ｂ欄へ (簡易課税用)付表４－３の①－１Ｂ欄へ 1,512,727

課税仕入高計算表

表ハ

（令和　3　年分）

(1) 事業所得に係る課税仕入高		金額	うち軽減税率6.24%適用分	うち標準税率7.8%適用分
営業等課税仕入高	①	表イ－1の㉞C欄の金額 円	表イ－1の㉞D欄の金額 円	表イ－1の㉞E欄の金額 円
農業課税仕入高	②	表イ－2の㉛C欄の金額 12,346,500	表イ－2の㉛D欄の金額 0	表イ－2の㉛E欄の金額 12,346,500

(2) 不動産所得に係る課税仕入高		金額	うち軽減税率6.24%適用分	うち標準税率7.8%適用分
課税仕入高	③	表イ－3の⑭C欄の金額	表イ－3の⑭D欄の金額	表イ－3の⑭E欄の金額

(3)（　　　）所得に係る課税仕入高		金額	うち軽減税率6.24%適用分	うち標準税率7.8%適用分
損益計算書の仕入金額と経費の金額の合計額	④			
④のうち、課税仕入れにならないもの	⑤			
差引課税仕入高（④－⑤）	⑥			

(4) 業務用資産の取得に係る課税仕入高		金額	うち軽減税率6.24%適用分	うち標準税率7.8%適用分
業務用固定資産等の取得費	⑦	920,000		920,000
⑦のうち、課税仕入れにならないもの※	⑧			
差引課税仕入高（⑦－⑧）	⑨	920,000		920,000

(5) 課税仕入高の合計額（①＋②＋③＋⑥＋⑨）	⑩	13,266,500	付表2－3の⑨A欄へ 0	付表2－3の⑨B欄へ 13,266,500

(6) 課税仕入れに係る消費税額の計算		
0 円×6.24/108 税抜経理方式によっている場合、⑩軽減税率6.24%適用分欄の金額に輸入取引以外の取引に係る仮払消費税等の金額を加算して計算します。	⑪	（1円未満の端数切捨て） 付表2－3の⑩A欄へ 0
13,266,500 円×7.8/110 税抜経理方式によっている場合、⑩標準税率7.8%適用分欄の金額に輸入取引以外の取引に係る仮払消費税等の金額を加算して計算します。	⑫	（1円未満の端数切捨て） 付表2－3の⑩B欄へ 940,715

※　⑧欄は、課税仕入れにならないもの（非課税、免税、不課税の仕入れ等）のほか、居住用賃貸建物の取得等に係る仕入税額控除の制限の規定の適用を受ける場合は、当該居住用賃貸建物の取得費を合わせて記載します。

表イ－2

課税取引金額計算表

（令和 3 年分）　　　　　　　　　　　　　　　　　　　　　　　　　　　　　（農業所得用）

区分	科目		番号	決算額 A	Aのうち課税取引にならないもの（※1） B	課税取引金額（A－B） C	うち軽減税率 6.24％適用分 D	うち標準税率 7.8％適用分 E
収入金額	販売金額		①	円 25,924,000	円	円 25,924,000	円 25,540,000	円 384,000
	家事消費	金額	②	104,800		104,800	104,800	0
	事業消費	金額	②					
	雑収入		③	8,200,000	6,500,000	1,700,000	700,000	1,000,000
	未成熟果樹収入							
	小計		④	34,228,800	6,500,000	27,728,800	26,344,800	1,384,000
	農産物の棚卸高	期首	⑤	75,600				
	農産物の棚卸高	期末	⑥	105,600				
	計		⑦	34,258,800				
経費	租税公課		⑧	400,000	400,000	0		0
	種苗費		⑨	650,000		650,000	0	650,000
	素畜費		⑩					
	肥料費		⑪	1,905,000		1,905,000	0	1,905,000
	飼料費		⑫					
	農具費		⑬	635,000		635,000		635,000
	農薬・衛生費		⑭	980,000		980,000		980,000
	諸材料費		⑮	800,000		800,000		800,000
	修繕費		⑯	1,750,000		1,750,000		1,750,000
	動力光熱費		⑰	1,965,000		1,965,000		1,965,000
	作業用衣料費		⑱	154,000		154,000		154,000
	農業共済掛金		⑲	540,000	540,000			
	減価償却費		⑳	3,800,000	3,800,000			
	荷造運賃手数料		㉑	2,392,500		2,392,500		2,392,500
	雇人費		㉒	1,400,000	1,400,000	0		0
	利子割引料		㉓	120,000	120,000			
	地代・賃借料		㉔	1,180,000	1,180,000	0		0
	土地改良費		㉕	200,000		200,000		200,000
	貸倒金		㉖					
	交際費		㉗	300,000		300,000	0	300,000
	事務通信費		㉘	265,000		265,000	0	265,000
	・　・　・		㉙	0		0	0	0
	雑費		㉚	350,000		350,000	0	350,000
	小計		㉛	19,786,500	7,440,000	12,346,500	0	12,346,500
	農産物以外の棚卸高	期首	㉜	340,000				
	農産物以外の棚卸高	期末	㉝	380,000				
	経費から差し引く果樹牛馬等の育成費用		㉞					
	計		㉟	19,746,500				
差引金額			㊱	14,512,300				

太枠の箇所は課税売上高計算表及び課税仕入高計算表へ転記します。

※1　B欄には、非課税取引、輸出取引等、不課税取引を記入します。
　　また、経費に特定課税仕入れに係る支払対価の額が含まれている場合には、その金額もB欄に記入します。

※2　斜線がある欄は、一般的な取引において該当しない項目です。

GK1405

第3－(3)号様式

簡 個人事業者用 第一表 令和元年十月一日以後終了課税期間分（簡易課税用）

令和　年　月　日　　税務署長殿　（収受印）

納税地	○○市△△町5-248（電話番号 XXXX － 21 － 3579）
（フリガナ）	ミズタ　ノウエン
屋号	水田　農園
個人番号	
（フリガナ）	ミズタ　コウサク
氏名	水田　耕作

※税務署処理欄：一連番号／所管／要否／整理番号／申告年月日 令和 年 月 日／申告区分／指導等 7／庁指定／局指定／通信日付印 年 月 日／確認／確認書類 個人番号カード 通知カード・運転免許証 その他（　）／身元確認／指導 年 月 日 令和／相談／区分1／区分2／区分3

自 令和 3年 1月 1日
至 令和 3年 12月 31日
課税期間分の消費税及び地方消費税の（確定）申告書

中間申告の場合の対象期間　自 令和　年　月　日　至 令和　年　月　日

この申告書による消費税の税額の計算

		十兆千百十億千百十万千百十一円	
課税標準額	①	25905000	03
消費税額	②	1640059	06
貸倒回収に係る消費税額	③		07
控除税額 控除対象仕入税額	④	1312046	08
控除税額 返還等対価に係る税額	⑤		09
控除税額 貸倒れに係る税額	⑥		10
控除税額 控除税額小計（④+⑤+⑥）	⑦	1312046	
控除不足還付税額（⑦－②－③）	⑧		13
差引税額（②+③－⑦）	⑨	328000	15
中間納付税額	⑩	00	16
納付税額（⑨－⑩）	⑪	328000	17
中間納付還付税額（⑩－⑨）	⑫	00	18
この申告書が修正申告である場合 既確定税額	⑬		19
この申告書が修正申告である場合 差引納付税額	⑭	00	20
この課税期間の課税売上高	⑮	25906060	21
基準期間の課税売上高	⑯	18246500	

この申告書による地方消費税の税額の計算

地方消費税の課税標準となる消費税額 控除不足還付税額	⑰		51
地方消費税の課税標準となる消費税額 差引税額	⑱	328000	52
譲渡割額 還付額	⑲		53
譲渡割額 納税額	⑳	92500	54
中間納付譲渡割額	㉑	00	55
納付譲渡割額（⑳－㉑）	㉒	92500	56
中間納付還付譲渡割額（㉑－⑳）	㉓	00	57
この申告書が修正申告である場合 既確定譲渡割額	㉔		58
この申告書が修正申告である場合 差引納付譲渡割額	㉕	00	59
消費税及び地方消費税の合計（納付又は還付）税額	㉖	420500	60

㉖＝（⑪+㉒）－（⑧+⑫+⑲+㉓）・修正申告の場合㉖＝⑭+㉕
㉖が還付税額となる場合はマイナス「－」を付してください。

付記事項

割賦基準の適用	有	○	無	31
延払基準等の適用	有	○	無	32
工事進行基準の適用	有	○	無	33
現金主義会計の適用	有	○	無	34
課税標準額に対する消費税額の計算の特例の適用	有	○	無	35

参考事項

事業区分	課税売上高（免税売上高を除く）千円	売上割合%	
第1種			36
第2種	24,393	94 1	37
第3種	349	1 3	38
第4種	1,164	4 4	39
第5種			42
第6種			43

特例計算適用（令57③）　○ 有　無　40

還付を受けようとする金融機関等：銀行・金庫・組合・農協・漁協　本店・支店・出張所・本所・支所　預金　口座番号　ゆうちょ銀行の貯金記号番号 －　郵便局名等

※税務署整理欄

税理士署名　（電話番号　－　－　）

税理士法第30条の書面提出有
税理士法第33条の2の書面提出有

OCR入力用（この用紙は機械で読み取ります。折ったり汚したりしないでください。）

第3－(2)号様式

GK1601

課税標準額等の内訳書

個人事業者用

第二表

令和元年十月一日以後終了課税期間分

OCR入力用（この用紙は機械で読み取ります。折ったり汚したりしないでください。）

整理番号	

改正法附則による税額の特例計算			
軽減売上割合（10営業日）		附則38①	51
小売等軽減仕入割合		附則38②	52
小売等軽減売上割合		附則39①	53

納税地	○○市△△町5-248 (電話番号 XXXX － 21 － 3579)
(フリガナ)	ミズタ　ノウエン
屋号	水田　農園
(フリガナ)	ミズタ　コウサク
氏名	水田　耕作

自 令和 3年 1月 1日
至 令和 3年 12月 31日

課税期間分の消費税及び地方消費税の（　確定　）申告書

中間申告の場合の対象期間　自 令和　年　月　日　至 令和　年　月　日

			十兆千百十億千百十万千百十一円	
課税標準額 ※申告書（第一表）の①欄へ		①	25905000	01
課税資産の譲渡等の対価の額の合計額	3 %適用分	②		02
	4 %適用分	③		03
	6.3 %適用分	④		04
	6.24 %適用分	⑤	24393333	05
	7.8 %適用分	⑥	1512727	06
		⑦	25906060	07
特定課税仕入れに係る支払対価の額の合計額（注1）	6.3 %適用分	⑧		11
	7.8 %適用分	⑨		12
		⑩		13
消費税額 ※申告書（第一表）の②欄へ		⑪	1640059	21
⑪の内訳	3 %適用分	⑫		22
	4 %適用分	⑬		23
	6.3 %適用分	⑭		24
	6.24 %適用分	⑮	1522123	25
	7.8 %適用分	⑯	117936	26
返還等対価に係る税額 ※申告書（第一表）の⑤欄へ		⑰		31
⑰の内訳	売上げの返還等対価に係る税額	⑱		32
	特定課税仕入れの返還等対価に係る税額（注1）	⑲		33
地方消費税の課税標準となる消費税額		⑳	328000	41
	4 %適用分	㉑		42
	6.3 %適用分	㉒		43
（注2）	6.24%及び7.8% 適用分	㉓	328000	44

(注1) ⑧～⑩及び⑲欄は、一般課税により申告する場合で、課税売上割合が95%未満、かつ、特定課税仕入れがある事業者のみ記載します。
(注2) ⑳～㉓欄が還付税額となる場合はマイナス「－」を付してください。

付表４－３　税率別消費税額計算表 兼 地方消費税の課税標準となる消費税額計算表　簡易

課税期間	3・1・1 ～ 3・12・31	氏名又は名称	水田　耕作

区分		税率 6.24 % 適用分 A	税率 7.8 % 適用分 B	合計 C (A＋B)
課税標準額	①	円 24,393,000	円 1,512,000	※第二表の①欄へ 円 25,905,000
課税資産の譲渡等の対価の額	①-1	※第二表の⑤欄へ 24,393,333	※第二表の⑥欄へ 1,512,727	※第二表の⑦欄へ 25,906,060
消費税額	②	※付表5-3の①A欄へ ※第二表の⑮欄へ 1,522,123	※付表5-3の①B欄へ ※第二表の⑯欄へ 117,936	※付表5-3の①C欄へ ※第二表の⑪欄へ 1,640,059
貸倒回収に係る消費税額	③	※付表5-3の②A欄へ	※付表5-3の②B欄へ	※付表5-3の②C欄へ ※第一表の③欄へ
控除税額　控除対象仕入税額	④	(付表5-3の⑤A欄又は㊲A欄の金額) 1,217,698	(付表5-3の⑤B欄又は㊲B欄の金額) 94,348	(付表5-3の⑤C欄又は㊲C欄の金額) ※第一表の④欄へ 1,312,046
控除税額　返還等対価に係る税額	⑤	※付表5-3の③A欄へ	※付表5-3の③B欄へ	※付表5-3の③C欄へ ※第二表の⑰欄へ
控除税額　貸倒れに係る税額	⑥			※第一表の⑥欄へ
控除税額　控除税額小計 (④＋⑤＋⑥)	⑦	1,217,698	94,348	※第一表の⑦欄へ 1,312,046
控除不足還付税額 (⑦－②－③)	⑧			※第一表の⑧欄へ
差引税額 (②＋③－⑦)	⑨			※第一表の⑨欄へ 328,000
地方消費税の課税標準となる消費税額　控除不足還付税額 (⑧)	⑩			※第一表の⑰欄へ ※マイナス「－」を付して第二表の⑳及び㉓欄へ
地方消費税の課税標準となる消費税額　差引税額 (⑨)	⑪			※第一表の⑱欄へ ※第二表の⑳及び㉓欄へ 328,000
譲渡割額　還付額	⑫			(⑩C欄×22/78) ※第一表の⑲欄へ
譲渡割額　納税額	⑬			(⑪C欄×22/78) ※第一表の⑳欄へ 92,500

注意　金額の計算においては、１円未満の端数を切り捨てる。

付表５－３　控除対象仕入税額等の計算表

簡易

課税期間	3・1・1～3・12・31	氏名又は名称	水田　耕作

Ⅰ　控除対象仕入税額の計算の基礎となる消費税額

項目		税率6.24％適用分 A	税率7.8％適用分 B	合計C (A＋B)
課税標準額に対する消費税額	①	(付表4-3の②A欄の金額) 円 1,522,123	(付表4-3の②B欄の金額) 円 117,936	(付表4-3の②C欄の金額) 円 1,640,059
貸倒回収に係る消費税額	②	(付表4-3の③A欄の金額)	(付表4-3の③B欄の金額)	(付表4-3の③C欄の金額)
売上対価の返還等に係る消費税額	③	(付表4-3の⑤A欄の金額)	(付表4-3の⑤B欄の金額)	(付表4-3の⑤C欄の金額)
控除対象仕入税額の計算の基礎となる消費税額 (①＋②－③)	④	1,522,123	117,936	1,640,059

Ⅱ　１種類の事業の専業者の場合の控除対象仕入税額

項目		税率6.24％適用分 A	税率7.8％適用分 B	合計C (A＋B)
④×みなし仕入率 (90％・80％・70％・60％・50％・40％)	⑤	※付表4-3の④A欄へ 円	※付表4-3の④B欄へ 円	※付表4-3の④C欄へ 円

Ⅲ　２種類以上の事業を営む事業者の場合の控除対象仕入税額

(1) 事業区分別の課税売上高(税抜き)の明細

項目		税率6.24％適用分 A	税率7.8％適用分 B	合計C (A＋B)	売上割合
事業区分別の合計額	⑥	円 24,393,333	円 1,512,726	円 25,906,059	
第一種事業 (卸売業)	⑦			※第一表「事業区分」欄へ	％
第二種事業 (小売業等)	⑧	24,393,333	0	※〃 24,393,333	94.1
第三種事業 (製造業等)	⑨	0	349,090	※〃 349,090	1.3
第四種事業 (その他)	⑩	0	1,163,636	※〃 1,163,636	4.4
第五種事業 (サービス業等)	⑪			※〃	
第六種事業 (不動産業)	⑫			※〃	

(2) (1)の事業区分別の課税売上高に係る消費税額の明細

項目		税率6.24％適用分 A	税率7.8％適用分 B	合計C (A＋B)
事業区分別の合計額	⑬	円 1,522,144	円 117,992	円 1,640,136
第一種事業 (卸売業)	⑭			
第二種事業 (小売業等)	⑮	1,522,144	0	1,522,144
第三種事業 (製造業等)	⑯	0	27,229	27,229
第四種事業 (その他)	⑰	0	90,763	90,763
第五種事業 (サービス業等)	⑱			
第六種事業 (不動産業)	⑲			

注意　1　金額の計算においては、１円未満の端数を切り捨てる。
　　　2　課税売上げにつき返品を受け又は値引き・割戻しをした金額(売上対価の返還等の金額)があり、売上(収入)金額から減算しない方法で経理して経費に含めている場合には、⑥から⑫欄には売上対価の返還等の金額(税抜き)を控除した後の金額を記載する。

(1／2)

(3) 控除対象仕入税額の計算式区分の明細

イ 原則計算を適用する場合

控除対象仕入税額の計算式区分		税率6.24%適用分 A	税率7.8%適用分 B	合計C (A+B)
④ × みなし仕入率 [(⑭×90%+⑮×80%+⑯×70%+⑰×60%+⑱×50%+⑲×40%) / ⑬]	⑳	円 1,217,715	円 73,517	円 1,291,232

ロ 特例計算を適用する場合

（イ）1種類の事業で75%以上

控除対象仕入税額の計算式区分		税率6.24%適用分 A	税率7.8%適用分 B	合計C (A+B)
(⑦C/⑥C・⑧C/⑥C・⑨C/⑥C・⑩C/⑥C・⑪C/⑥C・⑫C/⑥C)≧75% ④×みなし仕入率(90%・80%・70%・60%・50%・40%)	㉑	円 1,217,698	円 94,348	円 1,312,046

（ロ）2種類の事業で75%以上

控除対象仕入税額の計算式区分			税率6.24%適用分 A	税率7.8%適用分 B	合計C (A+B)
第一種事業及び第二種事業 (⑦C+⑧C)/⑥C≧75%	④× (⑭×90%+(⑬−⑭)×80%) / ⑬	㉒	円	円	円
第一種事業及び第三種事業 (⑦C+⑨C)/⑥C≧75%	④× (⑭×90%+(⑬−⑭)×70%) / ⑬	㉓			
第一種事業及び第四種事業 (⑦C+⑩C)/⑥C≧75%	④× (⑭×90%+(⑬−⑭)×60%) / ⑬	㉔			
第一種事業及び第五種事業 (⑦C+⑪C)/⑥C≧75%	④× (⑭×90%+(⑬−⑭)×50%) / ⑬	㉕			
第一種事業及び第六種事業 (⑦C+⑫C)/⑥C≧75%	④× (⑭×90%+(⑬−⑭)×40%) / ⑬	㉖			
第二種事業及び第三種事業 (⑧C+⑨C)/⑥C≧75%	④× (⑮×80%+(⑬−⑮)×70%) / ⑬	㉗	1,217,715	82,594	1,300,309
第二種事業及び第四種事業 (⑧C+⑩C)/⑥C≧75%	④× (⑮×80%+(⑬−⑮)×60%) / ⑬	㉘	1,217,715	70,795	1,288,510
第二種事業及び第五種事業 (⑧C+⑪C)/⑥C≧75%	④× (⑮×80%+(⑬−⑮)×50%) / ⑬	㉙			
第二種事業及び第六種事業 (⑧C+⑫C)/⑥C≧75%	④× (⑮×80%+(⑬−⑮)×40%) / ⑬	㉚			
第三種事業及び第四種事業 (⑨C+⑩C)/⑥C≧75%	④× (⑯×70%+(⑬−⑯)×60%) / ⑬	㉛			
第三種事業及び第五種事業 (⑨C+⑪C)/⑥C≧75%	④× (⑯×70%+(⑬−⑯)×50%) / ⑬	㉜			
第三種事業及び第六種事業 (⑨C+⑫C)/⑥C≧75%	④× (⑯×70%+(⑬−⑯)×40%) / ⑬	㉝			
第四種事業及び第五種事業 (⑩C+⑪C)/⑥C≧75%	④× (⑰×60%+(⑬−⑰)×50%) / ⑬	㉞			
第四種事業及び第六種事業 (⑩C+⑫C)/⑥C≧75%	④× (⑰×60%+(⑬−⑰)×40%) / ⑬	㉟			
第五種事業及び第六種事業 (⑪C+⑫C)/⑥C≧75%	④× (⑱×50%+(⑬−⑱)×40%) / ⑬	㊱			

ハ 上記の計算式区分から選択した控除対象仕入税額

項目		税率6.24%適用分 A	税率7.8%適用分 B	合計C (A+B)
選択可能な計算式区分（⑳～㊱）の内から選択した金額	㊲	※付表4-3の④A欄へ 円 1,217,698	※付表4-3の④B欄へ 円 94,348	※付表4-3の④C欄へ 円 1,312,046

注意　金額の計算においては、1円未満の端数を切り捨てる。

(2/2)

課税売上高計算表

表ロ

（令和　3　年分）

(1) 事業所得に係る課税売上高		金　額	うち軽減税率 6.24%適用分	うち標準税率 7.8%適用分
営業等課税売上高	①	表イ－1の①C欄の金額 円 27,344,800	表イ－1の①D欄の金額 円 26,344,800	表イ－1の①E欄の金額 円 1,000,000
農業課税売上高	②	表イ－2の③C欄の金額 384,000	表イ－2の③D欄の金額 0	表イ－2の③E欄の金額 384,000

(2) 不動産所得に係る課税売上高		金　額	うち軽減税率 6.24%適用分	うち標準税率 7.8%適用分
課税売上高	③	表イ－3の③C欄の金額	表イ－3の③D欄の金額	表イ－3の③E欄の金額

(3) (　　　) 所得に係る課税売上高		金　額	うち軽減税率 6.24%適用分	うち標準税率 7.8%適用分
損益計算書の収入金額	④			
④のうち、課税売上げにならないもの	⑤			
差引課税売上高（④－⑤）	⑥			

(4) 業務用資産の譲渡所得に係る課税売上高		金　額	うち軽減税率 6.24%適用分	うち標準税率 7.8%適用分
業務用固定資産等の譲渡収入金額	⑦	280,000		
⑦のうち、課税売上げにならないもの	⑧			
差引課税売上高（⑦－⑧）	⑨	280,000		280,000

(5) 課税売上高の合計額 （①＋②＋③＋⑥＋⑨）	⑩	28,008,800	26,344,800	1,664,000

(6) 課税資産の譲渡等の対価の額の計算		
26,344,800 円×100/108 税抜経理方式によっている場合、⑩軽減税率6.24％適用分欄の金額に課税売上げに係る仮受消費税等の金額を加算して計算します。	⑪	（1円未満の端数切捨て） (一般用)付表1－3の①－1A欄へ (簡易課税用)付表4－3の①－1A欄へ 24,393,333
1,664,000 円×100/110 税抜経理方式によっている場合、⑩標準税率7.8％適用分欄の金額に課税売上げに係る仮受消費税等の金額を加算して計算します。	⑫	（1円未満の端数切捨て） (一般用)付表1－3の①－1B欄へ (簡易課税用)付表4－3の①－1B欄へ 1,512,727

Ⅳ

届出書の記入例

消費税の主な届出書及び手続き

届出書の名称	届出事由	提出期限	備　考
消費税課税事業者届出書（基準期間用）	基準期間の課税売上高が1,000万円を超えることとなったとき	速やかに	Ⅰ消費税のあらまし ９事業者免税点制度（12ページ参照）
消費税の納税義務者でなくなった旨の届出書	基準期間の課税売上高が1,000万円以下となったとき		
消費税課税事業者※選択届出書	免税事業者が課税事業者になることを選択しようとするとき	選択しようとする課税期間の初日の前日（個人の場合12月31日）	課税事業者を選択した後、2年間は取りやめできない Ⅰ消費税のあらまし 10課税事業者の選択（13ページ参照）
消費税課税事業者選択不適用届出書	課税事業者を選択していた事業者が、その選択をやめて免税事業者に戻ろうとするとき	課税をやめようとする課税期間の初日の前日	
消費税簡易課税制度※選択届出書	簡易課税制度を選択しようとするとき	適用を受けようとする課税期間の初日の前日	簡易課税制度を選択した後、2年間は取りやめできない Ⅰ消費税のあらまし 13納付税額の計算方法と一般課税・簡易課税（21ページ参照）
消費税簡易課税制度選択不適用届出書	簡易課税制度の選択をやめようとするとき	適用をやめようとする課税期間の初日の前日	
事業廃止届出書	課税事業者が事業を廃止したとき	速やかに	

※免税事業者が「適格請求書発行事業者」として登録を受ける際の、届出書提出に関する特例が設けられています。
（Ⅰ　消費税のあらまし　10課税事業者の選択15ページ参照）

第３－⑴号様式

基準期間用

消費税課税事業者届出書

収受印

令和 4 年 3 月 5 日	届出者	（フリガナ）納税地	マルマルシ サンカクマチ （〒XXX－XXXX） ○○市△△町１-１ （電話番号 XXXX － 21 － 3456）
		（フリガナ）住所又は居所（法人の場合）本店又は主たる事務所の所在地	（〒　－　） 同上 （電話番号　－　－　）
		（フリガナ）名称（屋号）	ハタノ ノウエン 畑野 農園
		個人番号又は法人番号	↓ 個人番号の記載に当たっては、左端を空欄とし、ここから記載してください。
		（フリガナ）氏名（法人の場合）代表者氏名	ハタノ イチロウ 畑野 一郎
○○ 税務署長殿		（フリガナ）（法人の場合）代表者住所	（電話番号　－　－　）

下記のとおり、基準期間における課税売上高が1,000万円を超えることとなったので、消費税法第57条第１項第１号の規定により届出します。

適用開始課税期間	自 ○平成 ☑令和 5 年 1 月 1 日	至 ○平成 ☑令和 5 年 12 月 31 日	
上記期間の基準期間	自 ○平成 ☑令和 3 年 1 月 1 日	左記期間の総売上高	12,348,000 円
	至 ○平成 ☑令和 3 年 12 月 31 日	左記期間の課税売上高	12,348,000 円

事業内容等	生年月日（個人）又は設立年月日（法人）	1明治・2大正・☑3昭和・4平成・5令和 52 年 12 月 3 日	法人のみ記載	事業年度	自　月　日至　月　日
				資本金	円
	事業内容	農業（米、麦、大豆）	届出区分	相続・合併・分割等・☑その他	

参考事項		税理士署名	（電話番号　－　－　）

※税務署処理欄	整理番号		部門番号				
	届出年月日	年　月　日	入力処理	年　月　日	台帳整理	年　月　日	
	番号確認		身元確認 □済 □未済	確認書類 個人番号カード／通知カード・運転免許証 その他（　）			

注意　１．裏面の記載要領等に留意の上、記載してください。

２．税務署処理欄は、記載しないでください。

第５号様式

消費税の納税義務者でなくなった旨の届出書

収受印

令和 5 年 3 月 5 日	届出者	（フリガナ）	マルマルシ サンカクマチ
		納税地	（〒XXX−XXXX） ○○市△△町1-1 （電話番号XXXX− 21 −3456）
		（フリガナ）	ハ タ ノ　イチロウ
		氏名又は名称及び代表者氏名	畑野 一郎
○○ 税務署長殿		個人番号又は法人番号	↓ 個人番号の記載に当たっては、左端を空欄とし、ここから記載してください。

下記のとおり、納税義務がなくなりましたので、消費税法第57条第１項第２号の規定により届出します。

①	この届出の適用開始課税期間	自 ○平成 ☑令和 6 年 1 月 1 日　至 ○平成 ☑令和 6 年 12 月 31 日
②	①の基準期間	自 ○平成 ☑令和 4 年 1 月 1 日　至 ○平成 ☑令和 4 年 12 月 31 日
③	②の課税売上高	9,452,000 円

※１　この届出書を提出した場合であっても、特定期間（原則として、①の課税期間の前年の１月１日（法人の場合は前事業年度開始の日）から６か月間）の課税売上高が１千万円を超える場合には、①の課税期間の納税義務は免除されないこととなります。
２　高額特定資産の仕入れ等を行った場合に、消費税法第12条の４第１項の適用がある課税期間については、当該課税期間の基準期間の課税売上高が１千万円以下となった場合であっても、その課税期間の納税義務は免除されないこととなります。
（詳しくは、裏面をご覧ください。）

納税義務者となった日	○平成 ☑令和 4 年 1 月 1 日
参考事項	
税理士署名	（電話番号　　－　　－　　）

※税務署処理欄	整理番号		部門番号			
	届出年月日	年　月　日	入力処理	年　月　日	台帳整理	年　月　日
	番号確認		身元確認 □ 済 □ 未済	確認書類 個人番号カード／通知カード・運転免許証 その他（　　）		

注意　１．裏面の記載要領等に留意の上、記載してください。
２．税務署処理欄は、記載しないでください。

第１号様式

消費税課税事業者選択届出書

収受印

令和 4 年12月 1 日	届出者	(フリガナ) 納税地	マルマルシ サンカクマチ (〒XXX−XXXX) ○○市△△町1-1 (電話番号XXXX− 21 −3456)
		(フリガナ) 住所又は居所 (法人の場合) 本店又は主たる事務所の所在地	(〒 −) 同上 (電話番号 − −)
		(フリガナ) 名称（屋号）	ハタノ ノウエン 畑野 農園
		個人番号 又は 法人番号	↓ 個人番号の記載に当たっては、左端を空欄とし、ここから記載してください。
		(フリガナ) 氏名 (法人の場合) 代表者氏名	ハタノ イチロウ 畑野 一郎
○○税務署長殿		(フリガナ) (法人の場合) 代表者住所	(電話番号 − −)

下記のとおり、納税義務の免除の規定の適用を受けないことについて、消費税法第９条第４項の規定により届出します。

適用開始課税期間	自 ○平成 ☑令和 5 年 1 月 1 日	至 ○平成 ☑令和 5 年12月31日	
上記期間の基準期間	自 ○平成 ☑令和 3 年 1 月 1 日	左記期間の総売上高	9,736,000 円
	至 ○平成 ☑令和 3 年12月31日	左記期間の課税売上高	9,736,000 円

事業内容等	生年月日（個人）又は設立年月日（法人）	1明治・2大正・3昭和（☑）・4平成・5令和 52 年 12 月 3 日	法人のみ記載	事業年度	自 月 日 至 月 日
				資本金	円
	事業内容	農業（米、麦、大豆）	届出区分	事業開始・設立・相続・合併・分割・特別会計・その他（☑）	

参考事項		税理士署名	(電話番号 − −)

※税務署処理欄	整理番号		部門番号			
	届出年月日	年 月 日	入力処理	年 月 日	台帳整理	年 月 日
	通信日付印 年 月 日	確認	番号確認	身元確認 □済 □未済	確認書類	個人番号カード／通知カード・運転免許証 その他（ ）

注意 1．裏面の記載要領等に留意の上、記載してください。
2．税務署処理欄は、記載しないでください。

Ⅳ 届出書の記入例

第２号様式

消費税課税事業者選択不適用届出書

収受印

令和 5 年12月 1 日 〇〇 税務署長殿	届出者	（フリガナ）	マルマルシ サンカクマチ
		納税地	（〒XXX－XXXX） 〇〇市△△町1-1 （電話番号XXXX－ 21 －3456）
		（フリガナ）	ハ タ ノ　イチロウ
		氏名又は名称及び代表者氏名	畑野 一郎
		個人番号又は法人番号	↓ 個人番号の記載に当たっては、左端を空欄とし、ここから記載してください。

下記のとおり、課税事業者を選択することをやめたいので、消費税法第９条第５項の規定により届出します。

①	この届出の適用開始課税期間	自 〇平成 ☑令和 6 年 1 月 1 日	至 〇平成 ☑令和 6 年 12月 31 日
②	①の基準期間	自 〇平成 ☑令和 4 年 1 月 1 日	至 〇平成 ☑令和 4 年 12月 31 日
③	②の課税売上高	9,384,000 円	

※　この届出書を提出した場合であっても、特定期間（原則として、①の課税期間の前年の１月１日（法人の場合は前事業年度開始の日）から６か月間）の課税売上高が１千万円を超える場合には、①の課税期間の納税義務は免除されないこととなります。詳しくは、裏面をご覧ください。

課税事業者となった日	〇平成 ☑令和 4 年 1 月 1 日	
事業を廃止した場合の廃止した日	〇平成 〇令和 年 月 日	
提出要件の確認	課税事業者となった日から２年を経過する日までの間に開始した各課税期間中に調整対象固定資産の課税仕入れ等を行っていない。	はい ☑
	※　この届出書を提出した課税期間が、課税事業者となった日から２年を経過する日までに開始した各課税期間である場合、この届出書提出後、届出を行った課税期間中に調整対象固定資産の課税仕入れ等を行うと、原則としてこの届出書の提出はなかったものとみなされます。詳しくは、裏面をご確認ください。	
参考事項		
税理士署名	（電話番号　　－　　－　　）	

※税務署処理欄							
整理番号		部門番号					
届出年月日	年 月 日	入力処理	年 月 日	台帳整理	年 月 日		
通信日付印 年 月 日	確認	番号確認		身元確認	□ 済 □ 未済	確認書類	個人番号カード／通知カード・運転免許証 その他（　　）

注意　１．裏面の記載要領等に留意の上、記載してください。
　　　２．税務署処理欄は、記載しないでください。

第9号様式

消費税簡易課税制度選択届出書

収受印

令和 4年12月1日 〇〇 税務署長殿	届出者	（フリガナ）	マルマルシ サンカクマチ
		納税地	（〒XXX－XXXX） 〇〇市△△町1-1 （電話番号 XXXX－ 21 －3456）
		（フリガナ）	ハタノ イチロウ
		氏名又は名称及び代表者氏名	畑野 一郎
		法人番号	※個人の方は個人番号の記載は不要です。

下記のとおり、消費税法第37条第1項に規定する簡易課税制度の適用を受けたいので、届出します。

（☑ 消費税法施行令等の一部を改正する政令（平成30年政令第135号）附則第18条の規定により消費税法第37条第1項に規定する簡易課税制度の適用を受けたいので、届出します。）

①	適用開始課税期間	自 令和 5年 1月 1日	至 令和 5年 12月 31日
②	①の基準期間	自 令和 3年 1月 1日	至 令和 3年 12月 31日
③	②の課税売上高	21,361,000 円	

事業内容等	（事業の内容）農業（米、麦、大豆）	（事業区分）第 二 種事業

提出要件の確認

次のイ、ロ又はハの場合に該当する（「はい」の場合のみ、イ、ロ又はハの項目を記載してください。） はい □ いいえ □

イ	消費税法第9条第4項の規定により課税事業者を選択している場合		課税事業者となった日	令和 年 月 日
			課税事業者となった日から2年を経過する日までの間に開始した各課税期間中に調整対象固定資産の課税仕入れ等を行っていない	はい □
ロ	消費税法第12条の2第1項に規定する「新設法人」又は同法第12条の3第1項に規定する「特定新規設立法人」に該当する（該当していた）場合		設立年月日	令和 年 月 日
			基準期間がない事業年度に含まれる各課税期間中に調整対象固定資産の課税仕入れ等を行っていない	はい □
ハ	消費税法第12条の4第1項に規定する「高額特定資産の仕入れ等」を行っている場合（同条第2項の規定の適用を受ける場合） （仕入れ等を行った資産が高額特定資産に該当する場合はAの欄を、自己建設高額特定資産に該当する場合は、Bの欄をそれぞれ記載してください。）	A	仕入れ等を行った課税期間の初日	令和 年 月 日
			この届出による①の「適用開始課税期間」は、高額特定資産の仕入れ等を行った課税期間の初日から、同日以後3年を経過する日の属する課税期間までの各課税期間に該当しない	はい □
		B	仕入れ等を行った課税期間の初日	〇平成 〇令和 年 月 日
			建設等が完了した課税期間の初日	令和 年 月 日
			この届出による①の「適用開始課税期間」は、自己建設高額特定資産の建設等に要した仕入れ等に係る支払対価の額の累計額が1千万円以上となった課税期間の初日から、自己建設高額特定資産の建設等が完了した課税期間の初日以後3年を経過する日の属する課税期間までの各課税期間に該当しない	はい □

※ 消費税法第12条の4第2項の規定による場合は、ハの項目を次のとおり記載してください。
1「自己建設高額特定資産」を「調整対象自己建設高額資産」と読み替える。
2「仕入れ等を行った」は、「消費税法第36条第1項又は第3項の規定の適用を受けた」と、「自己建設高額特定資産の建設等に要した仕入れ等に係る支払対価の額の累計額が1千万円以上となった」は、「調整対象自己建設高額資産について消費税法第36条第1項又は第3項の規定の適用を受けた」と読み替える。

※ この届出書を提出した課税期間が、上記イ、ロ又はハに記載の各課税期間である場合、この届出書提出後、届出を行った課税期間中に調整対象固定資産の課税仕入れ等又は高額特定資産の仕入れ等を行うと、原則としてこの届出書の提出はなかったものとみなされます。詳しくは、裏面をご確認ください。

参考事項	
税理士署名	（電話番号 － － ）

※税務署処理欄	整理番号		部門番号			
	届出年月日	年 月 日	入力処理	年 月 日	台帳整理	年 月 日
	通信日付印 年 月 日	確認	番号確認			

注意 1．裏面の記載要領等に留意の上、記載してください。
2．税務署処理欄は、記載しないでください。

第25号様式

消費税簡易課税制度選択不適用届出書

収受印

令和 5 年12月 1 日	届出者	(フリガナ)	マルマルシ サンカクマチ
		納税地	(〒 XXX − XXXX) ○○市△△町1-1 (電話番号XXXX− 21 −3456)
		(フリガナ)	ハタノ イチロウ
		氏名又は名称及び代表者氏名	畑野 一郎
○○税務署長殿		法人番号	※ 個人の方は個人番号の記載は不要です。

下記のとおり、簡易課税制度をやめたいので、消費税法第37条第５項の規定により届出します。

① この届出の適用開始課税期間	自 ○平成 ☑令和 6 年 1 月 1 日	至 ○平成 ☑令和 6 年 12 月 31 日
② ①の基準期間	自 ○平成 ☑令和 4 年 1 月 1 日	至 ○平成 ☑令和 4 年 12 月 31 日
③ ②の課税売上高	23,189,000 円	
簡易課税制度の適用開始日	○平成 ☑令和 4 年 1 月 1 日	
事業を廃止した場合の廃止した日	○平成 ○令和 年 月 日	
	個人番号 ※ 事業を廃止した場合には記載してください。	
参考事項		
税理士署名	(電話番号 − −)	

※税務署処理欄					
整理番号		部門番号			
届出年月日	年 月 日	入力処理	年 月 日	台帳整理	年 月 日
通信日付印 年 月 日	確認	番号確認	身元確認 □ 済 □ 未済	確認書類	個人番号カード／通知カード・運転免許証 その他（ ）

注意　1．裏面の記載要領等に留意の上、記載してください。
　　　2．税務署処理欄は、記載しないでください。

第６号様式

事　業　廃　止　届　出　書

収受印

令和 5 年 8 月 5 日 〇〇税務署長殿	届出者	（フリガナ）	マルマルシ サンカクマチ
		納税地	（〒 XXX－XXXX） 〇〇市△△町1-1 （電話番号 XXXX － 21 － 3456）
		（フリガナ）	ハ タ ノ　イチロウ
		氏名又は名称及び代表者氏名	畑野 一郎
		個人番号又は法人番号	↓ 個人番号の記載に当たっては、左端を空欄とし、ここから記載してください。

下記のとおり、事業を廃止したので、消費税法第57条第１項第３号の規定により届出します。

事業廃止年月日	令和 5 年 7 月 31 日
納税義務者となった年月日	平成・(令和) 4 年 1 月 1 日
参考事項	
税理士署名	（電話番号　　－　　－　　）

※税務署処理欄	整理番号		部門番号			
	届出年月日	年　月　日	入力処理	年　月　日	台帳整理	年　月　日
	番号確認		身元確認 □ 済 □ 未済	確認書類 個人番号カード／通知カード・運転免許証 その他（　　）		

注意　１．裏面の記載要領等に留意の上、記載してください。
　　　２．税務署処理欄は、記載しないでください。

改訂　農業者の消費税 －届出から申告・納付まで－

令和５年１月

定価 900 円（本体価格 819 円＋税）
送料実費

編　集　都道府県農業会議
一般社団法人　全国農業会議所

発　行　一般社団法人　全国農業会議所
東京都千代田区二番町９－８
TEL　03（6910）1131
全国農業図書コード　R04-24

全国農業図書のご案内

9784910027944

1922061008193

ISBN978-4-910027-94-4
C2061 ¥819E

定価：本体 900 円
（10%税込み、税抜き 819 円）

改訂 農業者の消費税
届出から申告・納付まで

農業技能実習評価試験テキスト

耕種農業

果樹

新訂

一般社団法人 全国農業会議所